> 华为ICT认证系列丛书

华为技术认证 HCIA-Big Data 学习指南

华为技术有限公司 主编

人民邮电出版社
北京

图书在版编目（CIP）数据

HCIA-Big Data 学习指南 / 华为技术有限公司主编.
北京 : 人民邮电出版社, 2024. -- (华为 ICT 认证系列
丛书). -- ISBN 978-7-115-64935-5

Ⅰ. TP274-62

中国国家版本馆 CIP 数据核字第 2024JM3217 号

内 容 提 要

本书以大数据为中心，对大数据及其相关技术、产品和实践案例进行了详细的讲解。全书共分 9 章，从大数据概述、华为大数据产品入手，详细介绍了开源的分布式计算框架——Hadoop，以及 Hadoop 生态圈的多个组件：Flume、Kafka、HDFS、Zookeeper、MapReduce、YARN、HBase、Hive、Spark 以及 Flink；除上述组件外，还介绍了 ElasticSearch 和 ClickHouse。

本书适合正在准备考取华为 HCIA-Big Data 认证的人员、从事大数据工作的专业人员阅读，也可作为高等院校相关专业师生的参考书。

◆ 主　　编　华为技术有限公司
责任编辑　李　静
责任印制　马振武
◆ 人民邮电出版社出版发行　　北京市丰台区成寿寺路 11 号
邮编　100164　　电子邮件　315@ptpress.com.cn
网址　https://www.ptpress.com.cn
北京隆昌伟业印刷有限公司印刷
◆ 开本：787×1092　1/16
印张：13.5　　　　2024 年 10 月第 1 版
字数：265 千字　　　2024 年 10 月北京第 1 次印刷

定价：89.80 元

读者服务热线：(010)53913866　印装质量热线：(010)81055316
反盗版热线：(010)81055315
广告经营许可证：京东市监广登字 20170147 号

编委会

序 言

乘“数”破浪 智驭未来

当前，数字化、智能化已成为经济社会发展的关键驱动力，引领新一轮产业变革。以 5G、云、AI 为代表的数字技术，不断突破边界，实现跨越式发展，数字化、智能化的世界正在加速到来。

数字化的快速发展，带来了数字化人才需求的激增。《中国 ICT 人才生态白皮书》预计，到 2025 年，中国 ICT 人才缺口将超过 2000 万人。此外，社会急迫需要大批云计算、人工智能、大数据等领域的新兴技术人才；伴随技术融入场景，兼具 ICT 技能和行业知识的复合型人才将备受企业追捧。

在日新月异的数字化时代中，技能成为匹配人才与岗位的最基本元素，终身学习逐渐成为全民共识及职场人保持与社会同频共振的必要途径。联合国教科文组织发布的《教育 2030 行动框架》指出，全球教育需迈向全纳、公平、有质量的教育和终身学习。

如何为大众提供多元化、普适性的数字技术教程，形成方式更灵活、资源更丰富、学习更便捷的终身学习推进机制？如何提升全民的数字素养和 ICT 从业者的数字能力？这些已成为社会关注的重点。

作为全球 ICT 领域的领导者，华为积极构建良性的 ICT 人才生态，将多年来在 ICT 行业中积累的经验、技术、人才培养标准贡献出来，联合教育主管部门、高等院校、教育机构和合作伙伴等各方生态角色，通过建设人才联盟、融入人才标准、提升人才能力、传播人才价值，构建教师与学生人才生态、终身教育人才生态、行业从业者人才生态，加速数字化人才培养，持续推进数字包容，实现技术普惠，缩小数字鸿沟。

为满足公众终身学习、提升数字化技能的需求，华为推出了“华为职业认证”，这是围绕“云-管-端”协同的新 ICT 架构打造的覆盖 ICT 领域、符合 ICT 融合发展趋势的人才培养体系和认证标准。目前，华为职业认证内容已融入全国计算机等级考试。

教材是教学内容的主要载体、人才培养的重要保障，华为汇聚技术专家、高校教师、培训名师等，倾心打造“华为 ICT 认证系列丛书”，从书内容匹配华为相关技术方向认证考试大纲，涵盖云、大数据、5G 等前沿技术方向；包含大量基于真实工作场景的行业案例和实操案例，注重动手能力和实际问题解决能力的培养，实操性强；巧妙串联各知识点，并按照由浅入深的顺序进行知识扩充，使读者思路清晰地掌握知识；配备丰富的学习资源，如 PPT 课件、练习题等，便于读者学习，巩固提升。

在丛书编写过程中，编委会成员、作者、出版社付出了大量心血和智慧，对此表示诚挚的敬意和感谢！

千里之行，始于足下，行胜于言，行而致远。让我们一起从“华为 ICT 认证系列丛书”出发，探索日新月异的信息与通信技术，乘“数”破浪，奔赴前景广阔的美好未来！

前 言

HCIA（Huawei Certified ICT Associate）是华为认证体系中的一个级别，涵盖了数通、云计算、大数据、存储等多个技术方向。HCIA 认证旨在培养个人在 ICT 领域的基本知识和技能，是一种为初学者和初级 ICT 专业人员设计的认证。

华为 HCIA-Big Data 认证主要面向大数据从业者、华为合作伙伴的大数据工程师、高校学生等，旨在培养 ICT 行业大数据平台运维管理人才，帮助相关人才快速实现技能提升，获得职业发展和晋升。

本书参照华为 HCIA-Big Data 认证考试大纲编写，内容涵盖了大数据的基本概念、数据采集与预处理、开发与分布式管理、分布式存储与计算、分布式数据库与搜索技术以及华为大数据解决方案等多个方面；通过深入剖析 Hadoop、Spark、Flink 等分布式大数据系统的原理和应用，以及 HDFS、MapReduce、HBase、Hive 等核心技术的工作原理，帮助读者全面了解大数据技术的架构和实现方式；最后，还介绍了 ClickHouse 与 ElasticSearch 等分布式搜索技术的优势和应用场景，进一步拓宽了读者的视野。

本书是华为 HCIA-Big Data 认证考试的官方教材，由华为技术有限公司联合成都信息工程大学的安俊秀教授主编，并由田茂云、毛柯、李雨航、潘益民、袁明坤和周胤臣共同编写并经过详细审校，最终创作而成，旨在帮助读者迅速掌握华为 HCIA-Big Data 认证考试所要求的知识和技能。

由于编者水平有限，加之时间仓促，疏漏之处在所难免，敬请读者批评指正！

本书配套资源可通过扫描封底的“信通社区”二维码，回复数字“649355”获取。

关于华为认证的更多精彩内容，请扫码进入华为人才在线官网了解。

华为人才在线

目 录

第1章 大数据概述

主要内容

大数据是互联网时代的一种新兴技术，它可以帮助企业更好地分析和理解客户行为，从而提高企业的运营效率和利润。本章将介绍大数据的概念、特点、发展趋势，以及华为鲲鹏大数据和数据治理中的组织架构和研究成果，以揭示大数据技术如何帮助社会各个领域来改善业务流程。

1.1 什么是大数据

大数据又称为巨量资料，是现代高科技发展的产物，它不是一种单独的技术，而是一个概念、一个技术圈。相对于传统的数据分析，大数据是海量数据的集合，它以采集、整理、存储、挖掘、共享、分析、应用、清洗为核心，正广泛地应用在金融、环境保护、通信等行业中。

1.1.1 大数据的来源

现代商业市场是一个数据驱动的环境，可以说不论技术怎么更新换代，数据都有着不可替代的地位，没有数据作为支撑的大数据平台就是一个空壳。无论是公司内部的数据还是公司外部的数据都可以构成大数据平台的数据来源，大数据平台数据的来源主要来自数据库、日志、前端埋点、爬虫。

1. 从数据库导入

在大数据技术风靡前，应用关系数据库管理系统（RDMS）技术是数据分析与处理的主要方式。当大数据技术出现的时候，业内人士就在考虑把数据库处理数据的方法应用到大数据中，于是 Hive、Spark SQL 等大数据产品应运而生。

虽然出现了 Hive 大数据产品，但是在生产过程中，业务数据依旧使用 RDMS 进行存储，这是因为产品需要实时响应用户的操作，以毫秒级完成读/写操作，而大数据产品不是应对这种情况出现的。那么，如何把业务的数据库同步到大数据平台中呢？对于业务数据，我们一般采用实时和离线采集数据的方式将数据抽取到数据仓库中，然后再进行后续数据的处理和分析。一些常见的数据库导入工具有 Sqoop、DataX 和 Canal 等。

2. 日志导入

日志数据是指记录系统、应用程序、设备或网络活动的文本文件。它们包含了丰富的信息，如事件发生的时间、操作的类型、异常情况、用户行为等。服务器日志、应用程序日志、安全日志等都可以作为大数据平台的数据来源。通过收集、解析和分析日志数据，我们可以深入了解系统性能、用户行为和异常情况等。

日志系统将系统运行的每一个状况信息都以文字或者日志的方式记录下来，这些信息可以被理解为业务或是设备在虚拟世界的行为痕迹。管理员和数据分析师可以通过日志对业务关键指标以及设备运行状态等信息进行分析。

3. 前端埋点

前端埋点是指在 Web 应用程序或移动应用程序中插入代码，以跟踪用户行为和交互。通过在前端代码中添加特定的埋点代码，我们可以收集用户在应用程序中的点击、浏览、搜索、购买等行为数据。这些数据被传输到大数据平台进行分析，帮助企业了解用户行为，优化产品和服务。

为什么需要埋点呢？因为现在的互联网公司越来越关注转化、新增和留存等分析数据，而不是简单地统计 PV（页面访问量）、UV（独立访客访问数）。这些分析数据通过埋点获取，前端埋点分为手工埋点、自动化埋点和可视化埋点。

（1）手工埋点

前端需要返回数据的位置调用写好的埋点 SDK 的函数，按照规范传入参数通过 Http 方式再传入后端服务器中。这种方式可以下钻并精准采集数据，但工程量巨大。

（2）自动化埋点

自动化埋点也叫无埋点，在全部位置都设置埋点，对用户所有操作数据进行采集。这种方式通过统一的 SDK 返回数据，再选择需要的数据进行分析，从而加大了服务器的压力，采集了许多不需要的数据，浪费资源。在实践中，我们可以采用对部分用户或者部分简单操作页面进行全埋点采集。

（3）可视化埋点

可视化埋点是介于手工埋点和自动化埋点之间的方式。通过可视化交互设置埋点，可以理解为人为干预的自动化埋点形式。

那么如何选择埋点方式呢？对于一个按钮，如果采用可视化埋点或者自动化埋点，可以轻易采集用户单击按钮的时间；但对于需要在运行时动态计算或处理的数据是无法采集到的，比如订单的商品详细信息等，这种情况应该采用手动埋点方式采集。对此，埋点问题不应该通过单一的技术方案来解决，在不同场景下我们需要选择不同的埋点方案。

4. 爬虫

爬虫是一种自动化程序，用于从互联网上抓取数据。通过爬虫技术，我们可以收集互联网上的各种信息，如新闻、社交媒体数据、产品信息等。爬虫可以定期抓取目标网站的数据，并将其存储在大数据平台中进行进一步的处理和分析。

目前，爬虫数据已成为企业的重要战略资源，通过获取同行的数据与自己企业数据进行支撑对比，管理者可以更好地做出决策。爬虫越难获取的竞争对手的数据，对于企业来说越有价值。

采集数据不是目的，只有采集到的数据是可用、能用，且能服务于最终应用分析的数据采集才有意义。采集的数据的准确性决定了这个数据分析报告是不是有使用价值。只有当采集的数据具有科学性、客观、严密的逻辑性时，在此基础之上分析得出的结论才具有价值和意义。

1.1.2 大数据的发展历程

大数据的发展历程总体上可以划分为 3 个阶段：萌芽期、成熟期和大规模应用期，见表 1-1。

表 1-1 大数据发展的 3 个阶段

阶段	时间	内容
萌芽期	20 世纪 90 年代至 21 世纪初	随着数据挖掘理论和数据库技术的逐步成熟，一批商业智能工具和知识管理技术，如数据仓库、专家系统、知识管理系统等开始被应用
成熟期	21 世纪前 10 年	Web 2.0 应用迅猛发展，非结构化数据大量产生，传统处理方法难以应对，使得大数据技术快速突破，大数据解决方案逐渐走向成熟，形成了并行计算与分布式系统两大核心技术，Google 公司的 GFS 和 MapReduce 等大数据技术受到追捧，Hadoop 平台开始大行其道
大规模应用期	2010 年后	大数据应用渗透到各行各业，数据驱动决策，信息社会智能化程度大幅提高

1. 萌芽期

萌芽期是大数据概念的初期，人们开始认识到数据的重要性和潜在价值，并开始探索如何处理和分析大规模数据。以下是萌芽期的一些关键特点。

① 数据爆炸和技术挑战：在互联网的普及和数字化技术的发展下，数据的产生和存储量呈指数级增长。人们开始面临处理和分析这些海量数据的技术挑战。

② Hadoop 的出现：2005 年，Apache Hadoop 项目的诞生为大数据处理奠定了基础。Hadoop 是一个开源的分布式计算框架，基于 Google 公司的 MapReduce 和分布式文件系统的概念开发。它能够进行大规模数据的存储和分析，并具有容错性和可伸缩性。

③ NoSQL 数据库兴起：传统的关系数据库在处理大规模非结构化数据时面临一些挑战，例如扩展性和性能。为了应对这些挑战，出现了一系列新型的非关系数据库，即 NoSQL 数据库。这些数据库采用了不同的数据模型和架构，如键值存储、文档存储、列存储和图形数据库等，以满足大数据处理的需求。

2. 成熟期

在成熟期，大数据技术和工具逐渐成熟，并得到了广泛应用。大数据生态系统包括各种大数据处理框架、数据存储和管理技术、数据集成和工作流程工具等不断完善。企业和组织开始意识到大数据的商业价值，并积极投资和采用大数据技术进行数据驱动的决策和业务优化。以下是成熟期的一些关键特点。

① 大数据生态系统的形成：随着大数据技术的发展，大数据生态系统如 Hadoop 生态系统（Hadoop、Hive、Pig、HBase 等）、Spark 生态系统（Spark、Spark SQL、Spark Streaming 等）、数据仓库和数据湖技术、流数据处理技术（如 Kafka、Flink）、机器学习和人工智能等逐渐形成。这些技术和工具相互配合，形成了强大的大数据处理和分析能力。

② 商业价值的认知：企业和组织开始意识到大数据的商业价值，并积极投资和采用大数据技术进行数据驱动的决策和业务优化。大数据分析被广泛应用于市场营销、客户关系管理、风险管理、供应链优化等方面，以提高工作效率、增加收益和改善用户体验。

③ 数据治理和隐私保护：随着大规模数据的处理和分析，数据治理和隐私保护成为重要议题。大数据相关组织开始关注数据的质量、安全、合规性和隐私保护问题，并制定相关的政策和措施来确保数据的正确使用和安全。

3. 大规模应用期

在大规模应用期，大数据已经成为各个行业和领域中的关键驱动力。以下是大规模应用期的一些关键特点。

① 数据驱动的决策：大数据在决策的制定中发挥着重要作用。基于大数据分析，企业和组织能够更好地了解市场趋势、用户需求和业务机会，从而做出更准确的决策。

② 大数据与人工智能和机器学习的融合：大数据与人工智能、机器学习等前沿技术的结合为更高级别的数据分析和决策提供了更多的机会。大数据的收集、存储和分析，可以使得机器学习模型得到训练和优化，从而实现自动化和智能化的业务处理。

1.2 大数据的数据特征及数据类型

1. 数据特征

随着大数据时代的到来，“大数据”已经成为互联网信息技术行业的流行词汇。

关于"什么是大数据"这个问题，大家比较认可大数据的"4V"说法，即大数据的4个主要特征：大量性（Volume）、多样性（Variety）、高速性（Velocity）和价值性（Value），如图1-1所示。

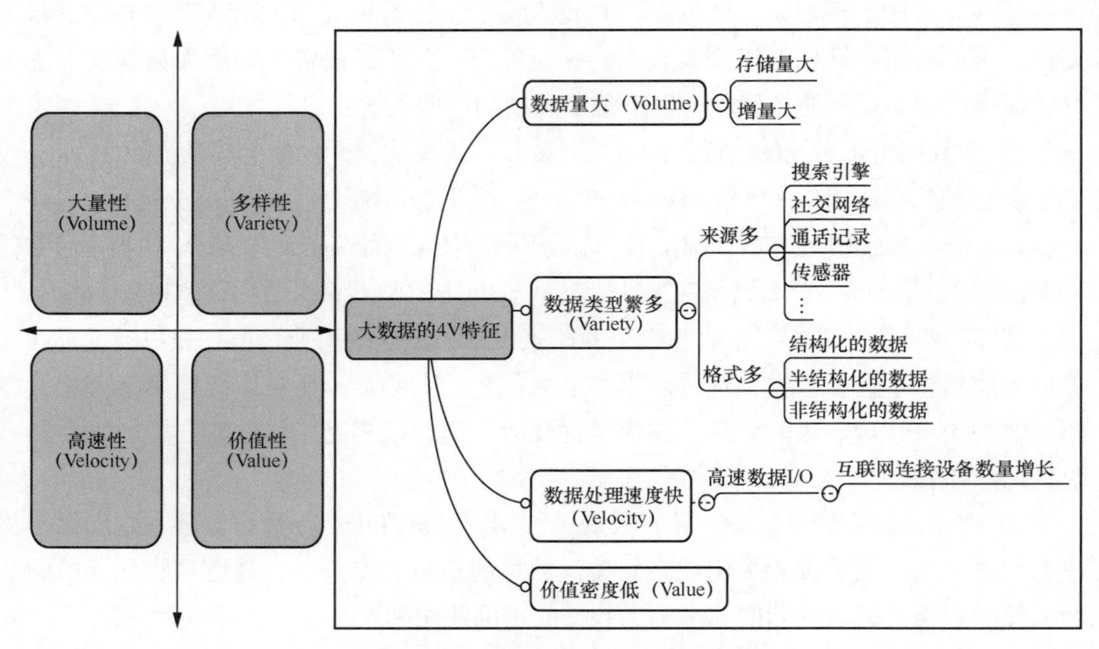

图1-1 大数据的4个主要特征

（1）大量性（Volume）

人类进入信息社会以后，数据以自然方式增长。从1986年到2010年的20多年的时间里，全球数据的数量增长了约100倍，今后的数据量增长速度将更快，我们正生活在一个"数据爆炸"的时代。随着Web 2.0和移动互联网的快速发展，人们已经可以随时随地、随心所欲地发布如微博、微信等各种信息。未来，随着物联网的推广和普及，各种传感器和摄像头将遍布我们工作和生活的各个角落，这些设备每时每刻都在自动产生大量数据。

各种数据产生速度之快，产生数量之大，已经远远超出人类可以控制的范围，"数据爆炸"成为大数据时代的鲜明特征。根据IDC（互联网数据中心）的估测，人类社会产生的数据每年都在以50%的速度增长，这被称为"大数据摩尔定律"。这意味着，人类在最近两年产生的数据量相当于之前产生的全部数据量之和。

大量性是大数据的显著特征之一，指的是大数据以庞大的规模存在。大数据的数据量通常以TB、PB甚至EB单位来衡量，远远超出了传统数据处理和分析方法的能力范围。常见的数据存储单位见表1-2。

表 1-2　常见的数据存储单位

单位	换算关系
Byte（字节）	1Byte=8bit
KB（千字节）	1KB=1024Byte
MB（兆字节）	1MB=1024KB
GB（吉字节）	1GB=1024MB
TB（太字节）	1TB=1024GB
PB（拍字节）	1PB=1024TB
EB（艾字节）	1EB=1024PB
ZB（泽字节）	1ZB=1024EB
YB（尧字节）	1YB=1024ZB

（2）多样性（Variety）

大数据的数据来源众多，科学研究、企业应用和 Web 应用等都在源源不断地生成新的数据。生物大数据、交通大数据、医疗大数据、电信大数据、电力大数据、金融大数据等都呈现出“井喷式”增长，所涉及数据的数量巨大，已经从 TB 级别跃升到 PB 级别。

大数据的数据类型丰富，涵盖了多种类型和格式。除了结构化数据（如关系数据库中的表格数据），还包括非结构化数据（如文本、图像、音频、视频等）、半结构化数据（如日志文件、传感器数据等）。这些数据来源多样，形式各异，需要采用灵活的方法对其进行处理和分析。

（3）高速性（Velocity）

大数据通常以高速生成和流动的方式存在，需要实时或近实时地进行处理和分析。例如，社交媒体数据、传感器数据、金融交易数据等都具有高速生成和更新的特点，需要对其快速响应和处理。

大数据时代的很多应用都需要基于快速生成的数据给出实时分析结果，用于指导生产和生活实践。因此，数据处理和分析的速度通常要达到秒级响应，这一点和传统的数据挖掘技术有着本质的不同，后者通常不要求给出实时分析结果。

为了达到快速分析海量数据的目的，大数据分析技术通常采用集群处理方式。以 Google 公司的 Dremel 为例，它是一种可扩展的、交互式的实时查询系统，用于只读嵌套数据的分析，通过结合多级树状执行过程和列式数据结构，能做到几秒内对万亿张表的聚合查询。该系统可以扩展到成千上万的 CPU 上，满足 Google 上万用户操作 PB 级数据的需求，并且可以在 2 ~ 3s 内完成 PB 级别数据的查询。

（4）价值性（Value）

大数据虽然看起来很美，但是价值密度却远远低于传统关系数据库中的数据。在大数据时代，很多有价值的信息都是分散在海量数据中的。以小区监控视频为例，如果没有意外事件发生，连续不断产生的数据都是没有任何价值的，当发生偷盗等意外情况时，也只有记录了事件过程的那一小段视频是有价值的。但是，为了能够获得发生偷盗等意外情况时的那一段宝贵的视频，我们不得不投入大量资金购买监控设备、网络设备、存储设备，耗费大量的电能和存储空间，来保存摄像头连续不断传来的监控数据。

大数据的价值密度低是由噪声和冗余、数据稀疏性、缺乏上下文信息以及数据挖掘难度大等因素造成的。为了充分利用大数据的潜在价值，我们需要采用适当的数据清洗、数据整合、数据挖掘和分析等方法，以提高数据的质量和价值密度。

2. 数据类型

大数据由于数据量大和种类繁多，为高速提取有效价值内容带来了难题。为了解决这一难题，了解大数据背景下的数据类型尤为重要。大数据包括结构化数据、半结构化数据和非结构化数据。半结构化数据和非结构化数据越来越成为数据的主要部分，如图 1-2 所示。IDC 的调查报告显示：半结构化数据和非结构化数据快速增长，企业中的 80%～90%的数据都是半结构化数据和非结构化数据，这些数据每年同比增长均约 60%。

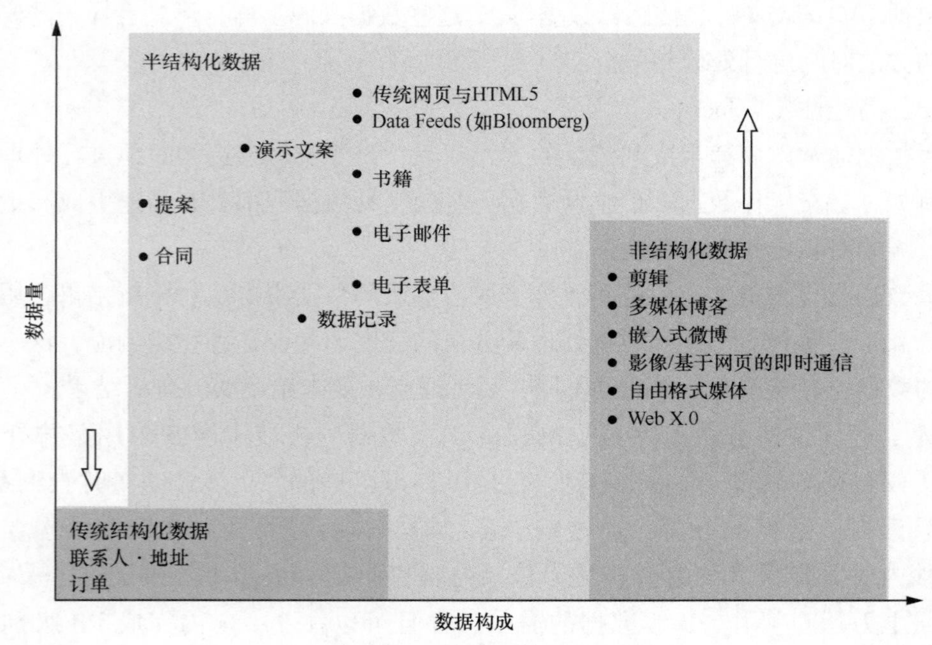

图 1-2　大数据的数据构成

（1）结构化数据

结构化数据也称行数据，是指可以用二维表结构来逻辑表达的数据（如学生成绩表），严格地遵循数据格式与长度规范，主要通过关系数据库进行存储和管理。例如，MySQL 表数据、Oracle 表数据、SQL Server 表数据等表现二维形式的数据都是结构化数据。

结构化数据的一般特点是：数据以行为单位，一行数据表示一个实体的信息，每一行数据的属性是相同的；但它的扩展性不好。

结构化数据通常按照特定的应用对事物进行相应的抽象，数据最终以表格的形式保存在数据库中，数据格式统一，呈现大众化、标准化的特点。结构化数据主要应用于企业资源计划（ERP）系统、财务系统、医院信息系统、教育一卡通系统等。

（2）半结构化数据

半结构化数据是介于结构化数据和非结构化数据之间的数据，如可扩展标记语言（XML）文档、超文本标记语言（HTML）文档、电子邮件等。电子邮件的本地元数据可以实现分类和关键字搜索，不需要其他任何工具，所以半结构化数据一般是自描述的，数据的结构和内容混在一起，没有明显的区分。目前，半结构化数据的存储多采用 NoSQL 数据库。NoSQL 数据库泛指非关系数据库。Google 公司的 BigTable 和 Amazon 公司的 Dynamo 使用的就是 NoSQL 数据库。NoSQL 数据库不会将组织（模式）与数据分开，这使得 NoSQL 数据库成为存储半结构化数据更好的选择。

整体而言，非结构化数据的增长速度比结构化数据的增长速度快，但这并不意味着结构化数据或者半结构化数据将面临淘汰的局面。无论数据是结构化数据、半结构化数据还是非结构化数据，它们都可能具有很高的价值，数据处理时需要创新工具，实现汇总、查询、分析和利用所有数据类型，以便在整个数据范围内获得更加深入的业务洞察力。

（3）非结构化数据

与结构化数据相对的是非结构化数据，它是不适合用数据库二维表来表现的数据。非结构化数据没有统一的数据结构属性，一般直接进行整体存储，并且一般存储为二进制的数据格式。

值得注意的是，结构化数据与非结构化数据之间的核心差异，不仅仅体现在存储媒介上，还体现在数据分析的便利性上。结构化数据分析已经有成熟的分析工具，但用于挖掘非结构化数据的分析工具正处于萌芽和发展阶段，也就是说，非结构化数据分析是一个新兴行业。

我们在构建结构化数据时，常需对信息进行简化的抽象处理，从而导致某些特定场景的关键细节未能充分保留，最终数据以规范化表格的形式存入数据库。而非结构化数据在获取信息时不会对事物进行抽象、归纳等处理，它会获取事物的全部细节，在分析时直接采用原始数据，保留了数据的原始面貌，减少了采样和抽象等步骤，但在分析的过程中会引入大量没有意义或错误的信息。因此，相对于特定场景的应用，非结构化数据的价值密度较低。以视频为例，一段数小时的视频，在连续不间断的监控中，大量数据被存储起来，但很多数据是无用的。对于特定场景的数据，有用的数据仅仅只有一两秒。

有了海量的非结构化数据，我们必须想办法对其存储和分析，从中挖掘出有价值的信息，为社会提供更好的服务。例如，在解决城市交通拥堵问题时，相关人员可以通过道路视频监控，实时分析并采集交通数据流量，控制各个路口红绿灯的状态，合理指导人们选择最佳的出行方案，改善城市的拥堵状况。

1.3 华为鲲鹏大数据

华为鲲鹏大数据是由华为公司推出的大数据解决方案。它采用分布式数据管理、海量数据处理和安全数据存储等技术，使企业能够实时收集、存储、管理和分析海量数据，为企业赋予数据价值。

2018 年，华为在《全球产业展望 GIV2025》中预计，到 2025 年全球每年新增数据存储量为 180ZB，企业的数据利用率将会达到 86%。到 2030 年，数据应用（包括大数据和 AI）将会给全球带来 13 万亿美元的收益，为全球经济贡献 16%的 GDP 增长。其中，传统行业将会成为未来 10 年数据应用增速最快、受益最大的主体。

但是，企业的数据应用之路并不是一帆风顺的，面临着海量数据带来的算力不均、数据结构多样化、高并发作业等诸多技术挑战，传统的以私有数据中心为基础的存算一体的大数据架构，已经无法满足企业数据应用的需求，而大数据上云就是华为云为企业提供的一个全新优选。鲲鹏大数据解决方案隶属于华为大数据解决方案之一，它提供了一站式高性能的大数据计算及数据安全解决方案，主要针对公共安全行业大数据的智能化建设中的数据安全、效率以及能耗等基础性的难题进行建设。

华为鲲鹏大数据解决方案包括了 BigData Pro 鲲鹏大数据解决方案。该方案采用基于公有云的存储和计算分离的架构，采用鲲鹏算力作为计算资源。鲲鹏算力可以无限进行弹性扩容。华为云认为基于公有云的大数据架构将会是未来数据应用的主流，华为云 BigData Pro 鲲鹏大数据解决方案将大力帮助企业加速数据应用进程。

华为鲲鹏大数据的架构主要有三大组件：Hadoop、Spark 和 Kafka，它们可用于处理实时流数据、存储和分析海量数据以及实现安全存储。Hadoop 集群可以收集、存储、管理和分析海量数据，并可加速这些数据的处理速度。Spark 可以处理实时流数据，并支持对数据进行计算和探索性分析。Kafka 可以帮助企业实现安全存储以及灵活的数据收集、发布和传输功能。

华为鲲鹏大数据的数据处理流程如下。

（1）数据采集

数据采集是将原始数据从不同的数据源中收集和获取的过程。数据源可以包括数据库、传感器、日志文件、API 等。华为鲲鹏大数据解决方案可以使用各种工具和技术来实现数据的实时或批量采集，以确保数据的可靠性和完整性。

（2）数据存储

数据存储是将采集到的数据进行持久化存储的过程。华为鲲鹏大数据解决方案通常使用分布式存储系统，如 Hadoop 分布式文件系统（HDFS）或其他对象存储系统来存储大规模数据。这些存储系统提供了可靠性、扩展性和高吞吐量的存储能力，以满足海量数据的存储需求。

（3）数据处理

数据处理是对存储的数据进行分析、计算和转换的过程。华为鲲鹏大数据解决方案可以使用分布式计算框架，如 Apache Spark 或华为自研的分布式数据处理引擎，对大规模数据进行批处理或实时流处理。这些计算框架提供了并行计算和高性能的能力，以支持复杂的数据处理任务，如数据挖掘、机器学习、图计算等。

（4）数据分析

数据分析是从处理后的数据中提取有价值的信息和剖析的过程。在鲲鹏大数据解决方案可以使用数据分析工具和算法来执行数据探索、统计分析、机器学习和人工智能等任务。这些工具和算法可以帮助企业发现数据中隐藏的模式、趋势和关联，以支持企业决策和创新应用。

（5）数据可视化

数据可视化是将分析结果以可视化的方式展示给用户的过程。华为鲲鹏大数据解决方案可以使用数据可视化工具和图表库来创建交互式的数据可视化报表、仪表盘和图表，从而帮助用户更直观地理解数据。

（6）数据应用

具体的应用取决于企业的需求和其业务领域。华为鲲鹏大数据解决方案提供了强大的数据处理和分析能力，可帮助企业将数据转化为有用的信息，并将其应用于实际业务中，从而实现业务的增长和创新。

有了以上六大规范化的流程，华为鲲鹏大数据逐渐应用到了各个领域，比如电子商务、智能制造、金融、医疗健康以及新能源和无人驾驶等领域，而其在高性能、高可用、安全性 3 个方面的优异表现，均使其备受青睐。

1.4 大数据的发展趋势

2014 年以后，大数据的技术栈已经趋于稳定，由于云计算、人工智能等技术的发展，以及芯片、内存端的变化，大数据技术也在发生相应的变化，总结来看主要有以下几点发展趋势。

（1）数据的资源化

数据的资源化是指将数据视为一种有价值的资源，并通过有效的管理和利用，将其转化为经济和社会价值的过程。传统上，数据主要被视为组织内部的产物，用于支持内部的业务决策和运营。然而，随着大数据时代的到来，数据的规模和多样性不断增加，人们开始意识到数据本身具有独特的价值和潜力。数据已成为大家争相抢夺的新焦点。因而，企业必须提前制订大数据营销战略计划，抢占市场先机。

（2）与云计算的深度结合

大数据离不开云计算，云计算为大数据提供了弹性可拓展的基础设备，是产生大数据的平台之一。以下是大数据与云计算深度结合的一些关键方面。

① 弹性计算和存储。云计算提供了弹性的计算和存储资源，使得处理大规模数据变得更加容易和高效。企业可以根据需要动态地调整计算和存储资源的规模，而无须投资和维护昂贵的硬件设备。这种弹性计算和存储能力使得处理大数据量和高并发请求成为可能。

② 数据传输和访问。云计算提供了高速的网络连接和广泛的边缘节点，使得数据传输和访问变得更加便捷和可靠。企业可以通过云服务提供商的网络基础设施，快速、安全地将数据从源头传输到云端，并实现全球范围内的数据访问和交换。

③ 弹性分布式处理。云计算平台提供了强大的分布式计算框架，如 Apache Hadoop 和 Spark，使得大规模数据的分布式处理变得更加容易。这些框架允许数据被分割成小块，在多个计算节点上并行处理，从而加快数据处理速度。同时，云计算平台还提供了一些高级分析工具和服务，如数据挖掘、机器学习和人工智能等方面的工具和服务，以帮助企业从数据中获得有价值的信息。

④ 数据备份和恢复。云计算提供了可靠的数据备份和恢复机制，保护数据免受灾难性事件和硬件故障的影响。通过将数据存储在云端，企业可以实现自动化的数据备份和灾难恢复，降低数据丢失的风险，并提供高可用性的数据访问。

（3）科学理论的突破

大数据技术发展迅速，很有可能像计算机和互联网一样引起新一轮的技术革命。

而随之兴起的数据挖掘、机器学习和人工智能等相关技术，可能会改变数据世界里的很多算法和基础理论，实现科学技术上的突破。

（4）数据科学和数据联盟的成立

未来，数据科学将成为一个专门的学科被越来越多的人所认知。各大高校将设立专门的数据科学类专业，也会催生一批与之相关的新的就业岗位。与此同时，基于数据这个基础平台，还将建立起跨领域的数据共享平台，之后，数据共享将扩展到企业层面，成为未来产业的核心一环。

（5）数据隐私与安全的加强

随着数据和隐私泄露问题的日益严重，数据隐私和安全保护将成为大数据发展的重要关注点。加强数据隐私保护和建立安全的数据管控机制将是未来大数据发展的一个重要趋势。

（6）数据管理成为核心竞争力

数据管理直接影响财务表现，当"数据资产是企业核心资产"的概念深入人心之后，企业对于数据管理便有了更清晰的界定，将数据管理作为企业持续发展的核心竞争力，战略性规划与运用数据资产将成为企业数据管理的核心。数据资产管理效率与主营业务收入增长率、销售收入增长率显著正相关。此外，对于具有互联网思维的企业而言，数据资产竞争力所占比重逐步提高，数据资产的管理效果将直接影响企业的财务表现。

（7）数据治理和数据质量管理体制的完善

随着数据规模的增加，数据治理和数据质量管理变得更加重要。建立完善的数据治理框架和数据质量控制机制，确保数据的准确性、一致性和可信度，是大数据发展的关键方向之一。

（8）数据质量是商业智能（BI）成功的关键

采用自助式商业智能工具进行大数据处理的企业将会脱颖而出。但其要面临的一个挑战是，很多数据源会带来大量低质量的数据。想要成功，企业需要理解原始数据与数据分析之间的差距，从而消除低质量数据并通过BI获得更佳的决策。

1.5　华为 DataArts Studio

DataArts Studio（数据治理中心）是一个全面而强大的数据治理工具。它的一站式平台和功能丰富的模块，可以有效助力企业实现高质量的数据管理与合规治理。它是企业数字化转型过程中不可或缺的重要基石。

1.5.1 什么是 DataArts Studio

DataArts Studio 是具有数据全生命周期管理和智能数据管理能力的一站式治理运营平台，包含数据集成、数据开发、数据架构、数据质量监控、数据资产管理、数据安全、数据服务等模块，支持行业知识库智能化建设，支持大数据存储、大数据计算分析引擎等数据底座，可帮助企业快速构建从数据接入到数据分析的端到端智能数据系统，消除数据“孤岛”，统一数据标准，加快数据变现，实现数字化转型。其产品架构如图 1–3 所示。

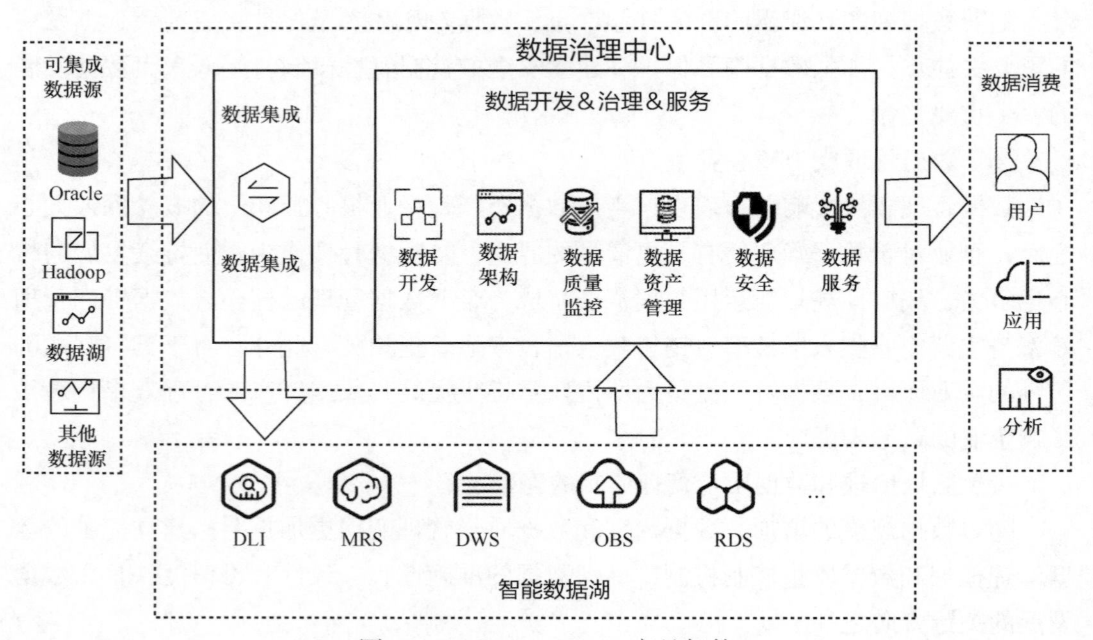

图 1–3 DataArts Studio 产品架构

从图 1–3 中可看到，DataArts Studio 构筑于数据湖底座之上，提供数据集成、数据开发、数据架构、数据质量监控、数据资产管理、数据安全、数据服务等能力。DataArts Studio 支持对接所有华为云的数据湖与大数据服务，如大数据 MapReduce 服务（MRS）、数据湖探索（DLI）服务、数据仓库服务（DWS）等并将其作为数据湖底座，也支持对接企业传统数据仓库，如 Oracle、MySQL 等，用于数据消费以及智能分析。

1.5.2 DataArts Studio 产品功能

1. 数据集成

DataArts Studio 数据集成模块提供了 30 多种同构或异构数据源之间数据集成的

功能，可帮助用户实现数据自由流动，并且支持自建的文件系统和云上的文件系统、关系数据库、数据仓库、NoSQL、大数据云服务、对象存储等数据源。

数据集成基于分布式计算框架，利用并行化处理技术，支持用户稳定高效地对海量数据进行移动，实现不停服数据迁移，快速构建所需的数据架构。

2. 数据架构

DataArts Studio数据架构践行数据治理方法论，将数据治理行为可视化，打通数据基础层到汇总层、集市层的数据处理链路，落地数据标准，通过关系建模、维度建模实现数据标准化，通过统一指标平台建设，实现规范化指标体系，消除歧义，统一口径，统一计算逻辑，对外提供主题式数据查询与挖掘服务。DataArts Studio数据架构主要包括以下3个部分。

（1）主题设计

构建统一的数据分类体系，用于目录化管理所有的业务数据，便于数据的归类、查找、评价和使用。分层架构可对数据进行分类和定义，可帮助用户厘清数据资产，明确业务领域和业务对象的关联关系。

（2）数据标准

构建统一的数据标准体系，使数据标准流程化、系统化。用户可基于国家标准或行业标准，对每一行数据、每一个字段的具体取值进行标准化，从而提升数据质量和易用性。

（3）数据建模

构建统一的数据模型体系，通过规范定义和数据建模，自顶向下构建企业数据分层体系，沉淀企业数据公共层和主题库，便于数据的流通、共享、创造和创新，提升数据使用效率，极大地减少数据冗余、混乱、隔离、不一致以及谬误等问题。

3. 数据开发

DataArts Studio数据开发提供可视化的图形开发界面、丰富的数据开发类型（脚本开发和作业开发）、全托管的作业调度和运维监控能力，内置行业数据处理pipeline，具有一键式开发功能，全流程可视化，支持多人在线协同开发，支持管理多种大数据及云服务，极大地降低了用户使用大数据的门槛，帮助用户快速构建大数据处理中心。

数据开发支持数据管理、脚本开发、作业开发、资源管理、作业调度、运维监控等操作，可以帮助用户轻松完成整个数据的处理分析流程。

4. 数据质量监控

数据质量监控模块支持对业务指标和数据质量进行监控，帮助用户及时发现数据质量问题。业务指标监控可以灵活地创建业务指标、业务规则和业务场景，实时、周期性进行调度，满足业务的数据质量监控需求。数据质量监控是对数据库里的数据进行质量管理，用户可以配置数据质量检查规则，在线监控数据准确性。

5. 数据资产管理

DataArts Studio 提供企业级的元数据管理功能，帮助用户厘清信息资产。数据资产管理可视，支持钻取、溯源等。通过数据地图，DataArts Studio 实现数据资产的数据血缘和数据全景可视，提供数据智能搜索和运营监控。元数据管理模块是数据湖治理的基石，支持创建自定义策略的采集任务，可采集数据源中的技术元数据。DataArts Studio 还支持自定义业务元模型，批量导入业务元数据，关联业务和技术元数据、全链路的血缘管理和应用。

6. 数据安全

DataArts Studio 提供了全方位的安全保障。它基于网络隔离、安全组规则以及一系列安全加固项，实现租户隔离和访问权限控制，保护系统和用户的隐私及数据安全。基于角色的访问控制，用户通过角色与权限进行关联，并支持细粒度权限策略，可满足不同的授权需求。针对不同的用户，DataArts Studio 提供了管理者、开发者、部署者、运维者、访客 5 种不同的角色，各个角色拥有不同的权限。针对数据架构、数据服务等关键流程，DataArts Studio 提供了审核流程。

7. 数据服务

DataArts Studio 数据服务旨在为企业搭建统一的数据服务总线，帮助企业统一管理对内、对外的 API 服务，支撑业务主题/画像/指标的访问、查询和检索，提升数据消费体验和效率，最终实现数据资产的变现。数据服务为用户提供快速将数据表生成数据 API 的能力，同时支持用户将现有的 API 快速注册到数据服务平台以统一管理和发布。

数据服务采用 Serverless 架构，用户只需关注 API 本身的查询逻辑，不需要关心运行环境等基础设施，数据服务会为用户准备好计算资源，并支持弹性扩展，零运维成本。

1.5.3 DataArts Studio 应用场景

DataArts Studio 可针对企业数字化运营诉求提供数据全生命周期管理，是具有智能数据管理能力的一站式数据集成、开发、治理、开发平台，可以用于构建一站式的数据运营治理平台，快速搭建云上数据平台，快速构建基于行业领域知识库的数据中台。

1. 构建一站式的数据运营治理平台

如图 1–4 所示，DataArts Studio 可对从外部购买以及内部拥有的数据进行数据集成、清洗等服务，然后将数据用于平台运营。数据采集→数据架构→质量监控→数据清洗→数据建模→数据连接→数据整合→数据消费→智能分析，一站式的数据智能运营治理可帮助企业快速构建数据运营能力。

一站式的数据运营治理平台具有如下优势：

① 多种云服务作业编排；

② 全链路数据治理管控；

③ 丰富的数据引擎支持，支持对接所有华为云的数据湖与数据库云服务，也支持对接企业传统数据仓库，如 Oracle 等；

④ 简单易用，图形化编排，即开即用，轻松上手。

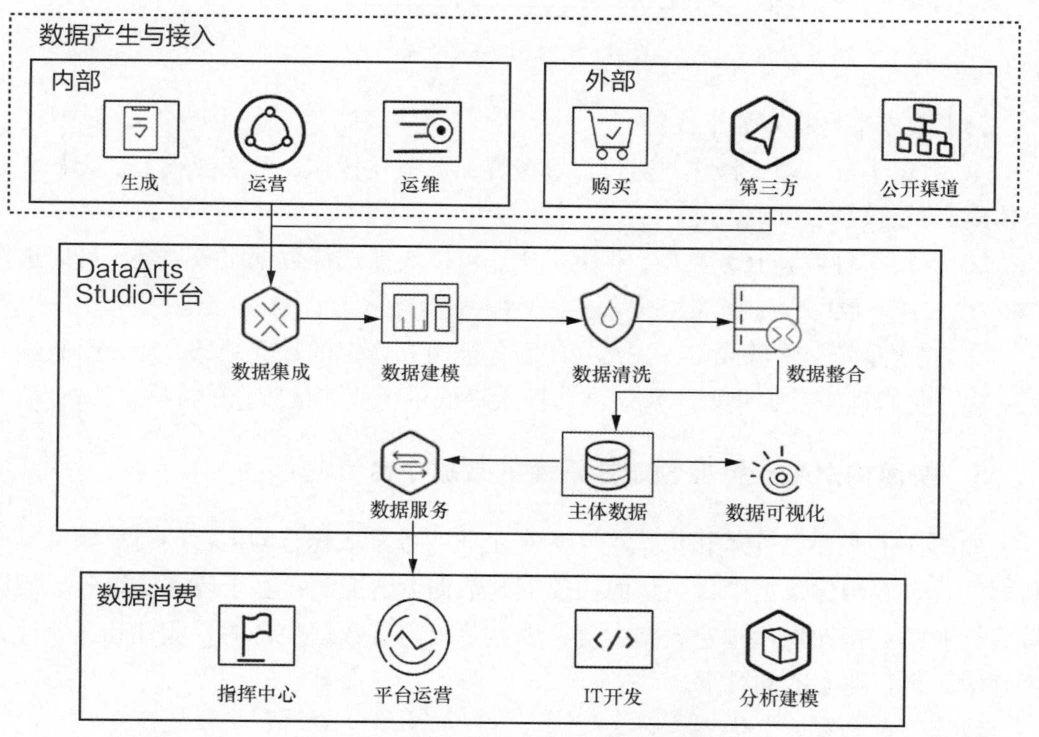

图 1–4　一站式的数据运营治理平台

2. 快速搭建云上数据平台

如图 1–5 所示，利用 DataArts Studio，企业可以快速将线下数据迁移上云，将数据集成到云上大数据服务中，并在 DataArts Studio 的界面中进行快速的数据开发，让企业数据体系的建设变得简单。

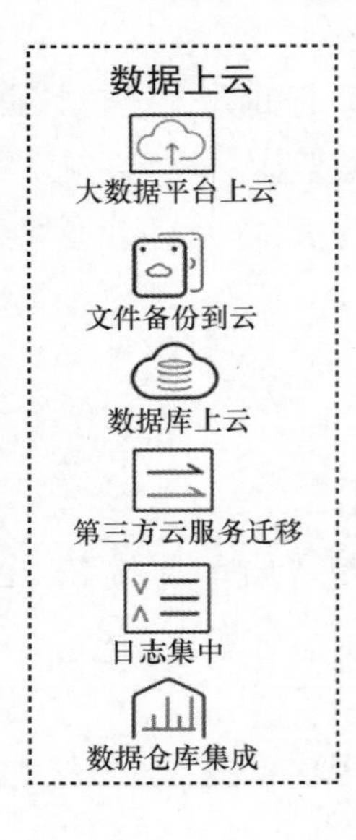

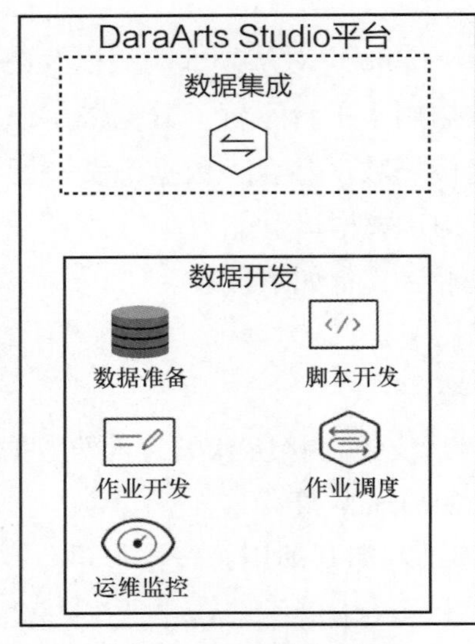

图 1-5 云上数据平台

云上数据平台具有如下优势。

① 数据集成一键式操作，通过在服务界面配置化操作，可实现线上、线下数据快速集成到云数据仓库。

② 支持多种数仓服务类型，根据需求，可以灵活选择数据服务类型，可以选择 DWS 建数仓，也可以选择 MRS 等数据平台。

③ 安全稳定、降低成本，一站式的服务能力和稳定的数仓服务，让云上数据万无一失；免自建大数据集群，免运维，极大降低了企业建设数仓的成本。

3. 快速构建基于行业领域知识库的数据中台

如图 1-6 所示，企业可以借助华为在企业业务领域积累的丰富的行业领域模型和算法，有效构建数据中台，从而快速提升数据运营能力；基于政务、税务、园区等多行业的数据知识库构建数据中台，则显著提高了数据中台的专业性和适应性，更好地满足行业实践和要求。

数据中台具有如下优势：

① 支持多行业，覆盖政务、税务、城市、交通、园区等各行业/场景；

② 支持标准规范，支持分层结构的行业数据标准；

③ 领域模型丰富，支持包含人员、组织、事件、时空、车辆、资产、设备、资源八大类数据及其之间关系的行业领域模型；

④ 快速应用行业库，支持快速应用的行业主题库、行业算法库、行业指标库。

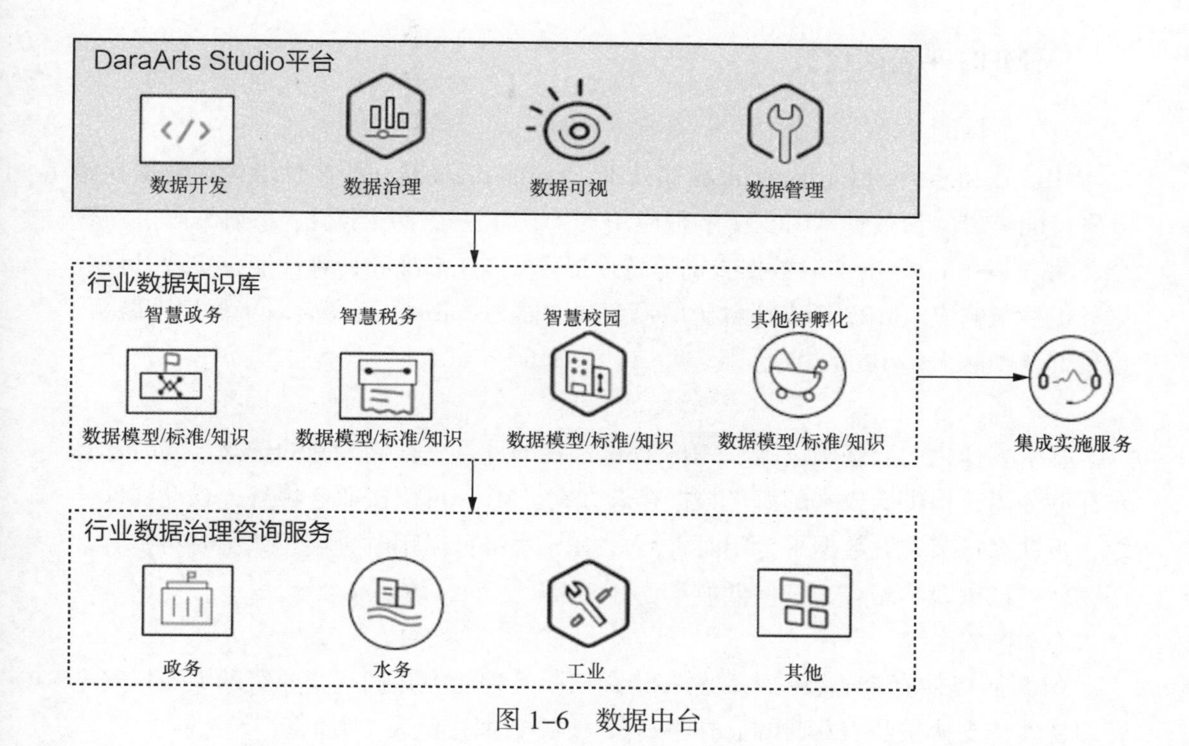

图 1-6　数据中台

1.6　华为云大数据服务——MRS

Hadoop 是一个开源的分布式计算框架，旨在处理和存储大规模数据集。它的核心组件包括 Hadoop 分布式文件系统和 MapReduce 计算模型。Hadoop 提供了可靠的数据存储和处理能力，支持在集群中并行处理大数据。私有云大数据有着建设成本高、业务上线速度慢、资源无法弹性伸缩、无方便的一站式应用、安全性差、维护难度大的特点。

针对上述问题，华为提供了华为云 MRS，即云上企业级大数据服务。MRS 是一个在华为云上部署和管理 Hadoop 系统的服务，一键即可部署 Hadoop 集群。MRS 提供租户完全可控的一站式企业级大数据集群云服务，完全兼容开源接口；结合华为云计算、存储优势及大数据行业经验，为客户提供高性能、低成本、灵活易用的全栈大数据平台；轻松运行 Hadoop、Spark、HBase、Kafka、Storm 等大数据组件，并具备在未来根据业务需要进行定制开发的能力，帮助企业快速构建海量数据信息处理系统；通过对海量信息数据实时与非实时的分析挖掘，发现全新价值点和企业商机。下面介绍 MRS 平台的优势以及架构。

1. MRS 平台的优势

（1）高性能

MRS 支持自研的 CarbonData 存储技术。CarbonData 是一种高性能的大数据存储方案，能够以一份数据同时支持多种应用场景，并通过多级索引、字典编码、预聚合、动态 Partition、准实时数据查询等特性提升了 I/O 扫描和计算性能，实现万亿数据分析秒级响应。MRS 还支持自研增强型调度器 Superior，可突破单集群规模瓶颈，单集群调度能力超 10000 节点。

（2）低成本

基于多样化的云基础设施，MRS 提供丰富的计算、存储设施的选择，同时计算与存储分离，提供低成本的海量数据存储方案。MRS 可以按业务峰谷，自动弹性伸缩，帮助客户节省大数据平台闲时资源。MRS 集群可以用时再创建，用时再扩容，用完就可以销毁、缩容，确保低成本。

（3）高安全

MRS 服务拥有企业级的大数据多租户权限管理能力，拥有企业级的大数据安全管理特性，支持按照表/列控制访问权限，支持数据按照表/列加密。

（4）易运维

MRS 提供可视化大数据集群管理平台，可提高运维效率；支持滚动补丁升级，可视化补丁发布信息，一键式补丁安装，无须人工干预，不停业务，保障用户集群长期稳定。

（5）高可靠

MRS 经过大规模的可靠性、长稳性验证，可满足企业级高可靠的要求，同时支持数据跨 AZ（可用区）或者跨 Region（云服务区）自动备份的数据容灾能力，拥有自动反亲和技术，虚拟机分布在不同物理机上。

2. MRS 的架构

MRS 的架构由 6 部分组成，分别是基础设施层、数据采集层、数据存储层、融合处理层、数据呈现调度层和集群管理层，如图 1-7 所示。MRS 架构拥有基础设施和大数据处理流程各个阶段的能力。

（1）基础设施层

MRS 基于华为云弹性云服务器（ECS）构建的大数据集群，充分利用了其虚拟化层的高可靠、高安全的能力。虚拟私有云（VPC）为每个租户提供的虚拟内部网络，默认与其他网络隔离；云硬盘（EVS）提供高可靠、高性能的存储；弹性云服务器提供的弹性可扩展虚拟机，结合 VPC、安全组、EVS 数据多副本等能力可打造一个高效、可靠、安全的计算环境。

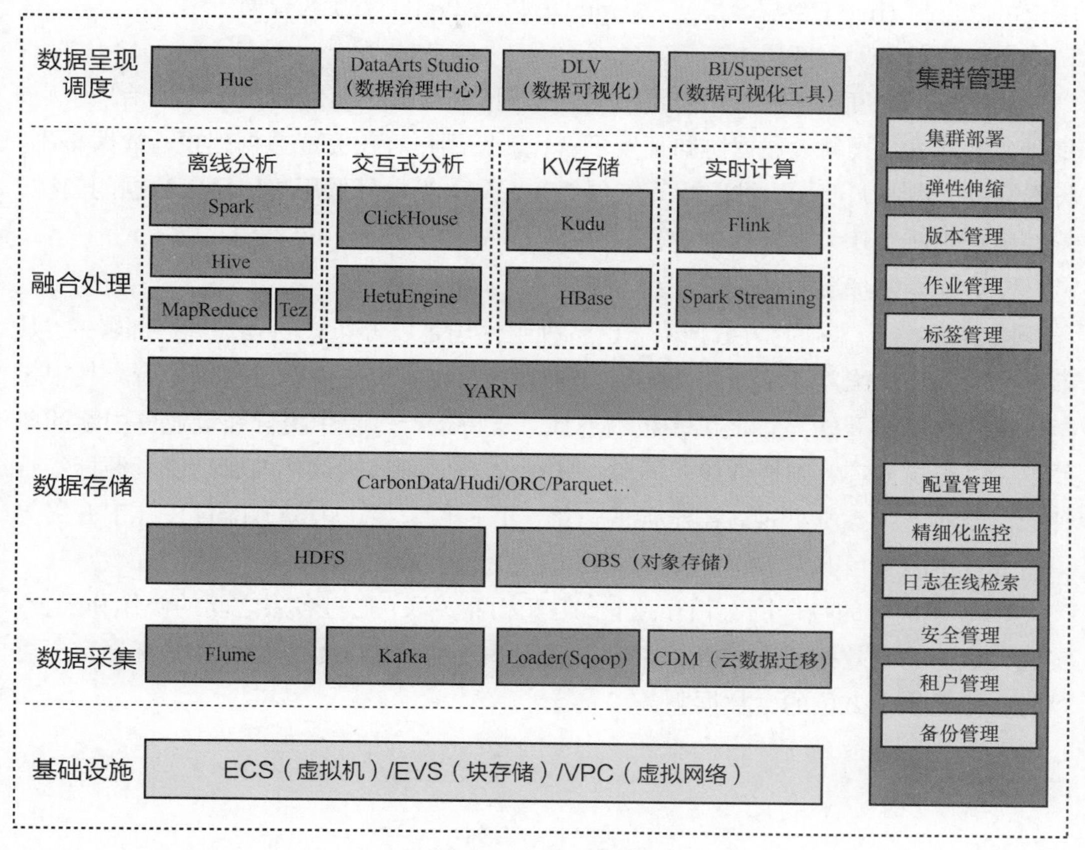

图 1-7　MRS 架构

（2）数据采集层

数据采集层提供了数据接入 MRS 集群的能力，包括 Flume（数据采集）、Loader（关系数据导入）、Kafka（高可靠消息队列），支持将各种数据源导入大数据集群中。使用云数据迁移功能也可以将外部数据导入 MRS 集群中。

（3）数据存储层

MRS 支持结构化数据和非结构化数据在集群中的存储，并且支持多种高效的格式以满足不同计算引擎的要求。HDFS 是大数据上通用的分布式文件系统；OBS 是对象存储服务，具有高可用、低成本的特点；HBase 支持带索引的数据存储，适合高性能基于索引查询的场景。

（4）融合处理层

MRS 提供多种主流计算引擎：MapReduce（批处理）、Tez（DAG 模型）、Spark（内存计算）、Spark Streaming（微批流计算）、Storm（流计算）、Flink（流计算），满足多种大数据应用场景，可将数据进行结构和逻辑的转换，转化成满足业务目标的数据模型。基于预设的数据模型，使用易用 SQL（结构化查询语言）的数据分析，用户可以选择 Hive（数据仓库）、SparkSQL 以及 Presto 交互式查询引擎。

（5）数据呈现调度层

数据呈现调度层用于数据分析结果的呈现，并与 DataArts Studio（数据治理中心）集成，提供一站式的大数据协同开发平台，帮助用户轻松完成数据建模、数据集成、脚本开发、作业调度、运维监控等多项任务，从而极大降低用户使用大数据的门槛，帮助用户快速构建大数据处理中心。

（6）集群管理层

以 Hadoop 为基础的大数据生态的各种组件均是以分布式的方式进行部署的，其部署、管理和运维复杂度较高。MRS 集群管理提供了统一的运维管理平台，其中包括一键式集群部署能力，提供多版本选择，支持运行过程中集群在无业务中断的条件下，进行扩缩容、弹性伸缩。同时，MRS 集群管理还提供作业管理、资源标签管理，以及对上述数据处理各层组件的运维，并提供监控、告警、配置、补丁升级等一站式运维服务。

MRS 架构中的各个层次相互独立，但又相互关联，通过各层之间的协作和配合，实现大数据的高效处理和分析。MRS 架构是一个完整的大数据处理和分析平台，可以为企业提供全方位的大数据服务和支持。

习　题

1. 简述什么是大数据。
2. 大数据有什么数据特征？
3. 大数据对科学研究的影响是什么？
4. DataArts Studio 的功能组件有哪些？

第2章 大数据采集与分布式流处理平台

主要内容

大数据采集技术可采集获得 RFID 数据、传感器数据、社交网络数据、移动互联网数据等各种类型的结构化、半结构化、非结构化的海量数据。Flume 和 Kafka 都是大数据采集系统中常用的工具，用于收集、传输、存储和处理海量数据。本章将会详细介绍 Flume 和 Kafka 的使用方法与功能架构。

2.1 大数据采集技术

大数据采集技术是指用于采集、传输和存储大量数据的技术。随着大数据时代的到来，越来越多的企业需要采集和处理海量数据，以便更好地了解市场趋势、优化业务流程、提高决策效率等。因此，大数据采集技术成了大数据处理的重要组成部分。

常用的大数据采集技术有以下几种。

（1）日志采集技术

日志采集技术主要用于采集服务器、应用程序等产生的日志数据。这些日志数据包含了应用程序的运行状态、用户行为等信息，可以帮助企业进行故障排查、性能分析、用户行为分析等工作。常用的日志采集技术有 Flume、Logstash 等。

（2）数据库采集技术

数据库采集技术主要用于采集企业的关系数据库中的数据。这些数据包括企业的客户信息、订单信息、交易信息等，可以用于进行业务分析、客户行为分析等工作。常用的数据库采集技术有 Sqoop、DataX 等。

（3）消息队列采集技术

消息队列采集技术主要用于采集企业的消息队列中的数据。这些数据包括企业的实时交易信息、即时通信数据等，可以用于进行实时数据流分析、实时决策等工作。常用的消息队列采集技术有 Kafka、ActiveMQ 等。

（4）分布式文件系统采集技术

分布式文件系统采集技术主要用于采集企业的分布式文件系统中的数据。这些数据包括企业的文档、图片、视频等多媒体数据，可以用于进行多媒体内容分析、图像识别等工作。常用的分布式文件系统采集技术有 HDFS、Ceph 等。

综上所述，大数据采集技术在大数据处理中扮演着十分重要的角色。合适的采集技术应该根据企业的具体需求和数据特点进行选择。本章重点介绍 Flume 和 Kafka，对于另外两种采集技术，本章不进行详细介绍。

2.2　Flume

Flume 是一个分布式、可扩展、高可用性的日志采集系统，可以帮助用户进行可靠、高效、灵活、可扩展的数据采集和传输，使得用户可以更好地进行数据分析、数据挖掘、机器学习等数据处理工作。

2.2.1　Flume 简介及框架

Flume 是 Cloudera 公司的分布式日志收集系统，2009 年被捐赠给了 Apache 软件基金会，成为 Hadoop 相关组件之一。近几年，Flume 不断被完善及其升级版本逐一推出，同时 Flume 内部的各种组件不断丰富，用户在开发的过程中使用的便利性得到大幅提升。

Flume 是一个分布式、高可靠、高可用的海量日志采集、聚合、传输系统。它支持用户灵活配置多种数据源（发送方），还具备对数据进行初步处理的功能，并能确保数据安全地被传送至各类目标存储系统（接收方）。

简单来说，Flume 是一种实时数据采集引擎。无论数据来自哪里，或是拥有多大量级，Flume 都可以确保数据能够安全、及时地到达大数据平台。

Flume 适用于对日志数据的实时采集。图 2–1 显示了 Flume 的一种典型应用场景：Flume 从本地文件或者网络接口中采集数据，将这些数据保存到 HDFS 或传送到 Kafka 中。本地文件数据可以是爬虫采集到的数据，也可以是服务器后台日志数据。

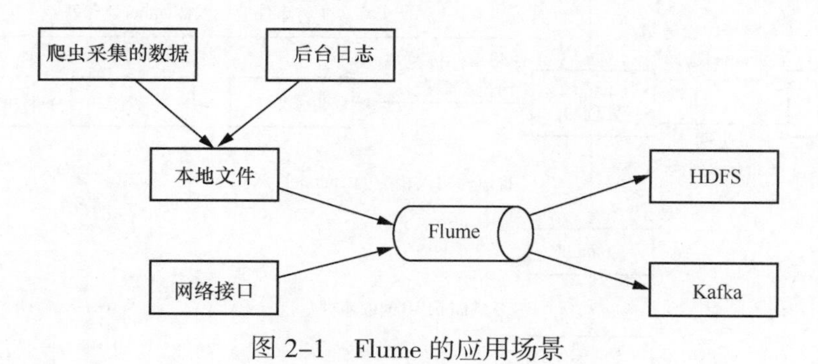

图 2–1　Flume 的应用场景

Flume 包括 Agent、Source、Channel、Sink、Event 共 5 个核心组件。图 2–2 显示了 Flume 的基础架构，其中 Agent 是 Flume 的基础部分，Source、Channel、Sink 都是 Agent 的组件，Source 用于接收数据，Channel 充当 Source 和 Sink 之间的缓冲区，Sink 用于向外发送数据。Event 是 Flume 传输数据的基本单元。

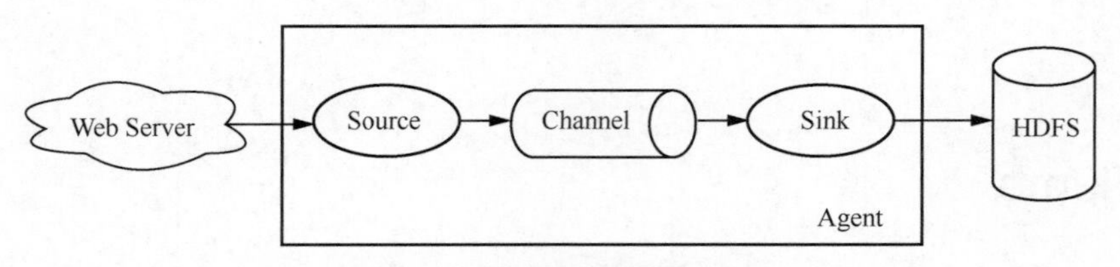

图 2-2 Flume 的基础架构

1. Agent

Agent 是一个 Java 进程，每台机器中运行一个 Agent。它主要包括 Source、Channel、Sink 三大组件，Agent 利用这些组件将数据以事件的形式从一个节点传送到另一个节点。Agent 是 Flume 的基础部分。

如图 2-3 所示，在 Agent 内部，Source 接收到数据后，会将数据交给 Channel 处理器。Channel 处理器将事件传递给拦截器链，拦截器是一段用于操作事件的代码。待拦截器处理完事件后，Channel 处理器将事件传递给 Channel 选择器，由 Channel 选择器决定将事件写入哪个 Channel，并向 Channel 处理器返回写入事件的 Channel 列表，由 Channel 处理器将事件写入相应的 Channel。Sink 处理器从 Channel 中读取数据并写入相应的 Sink。

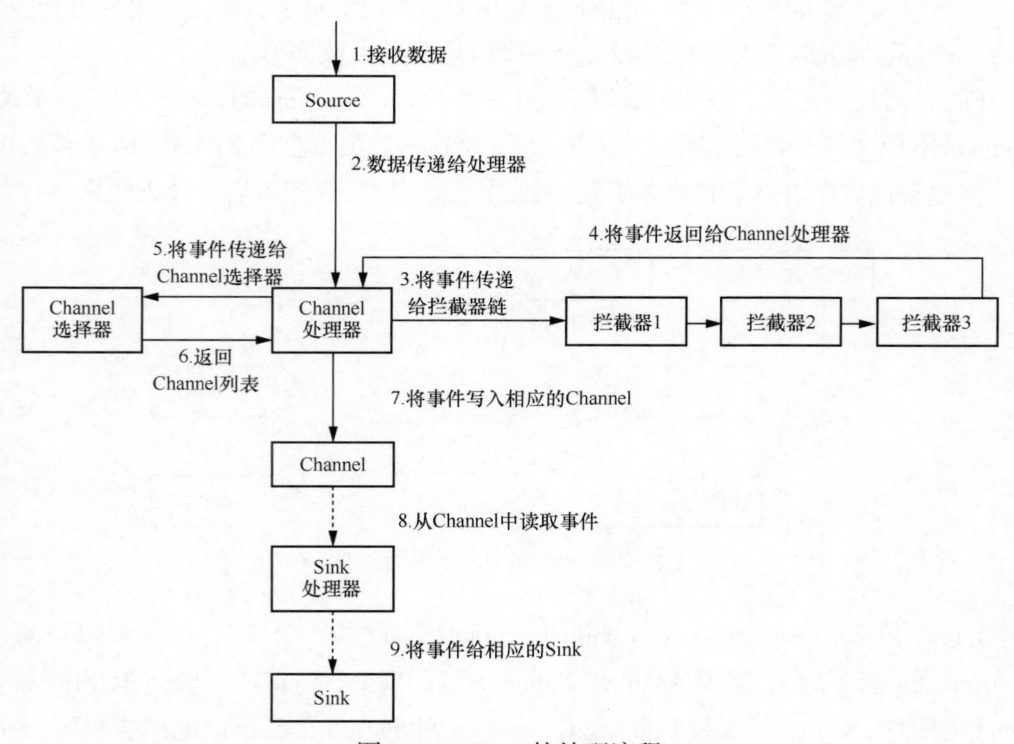

图 2-3 Flume 的处理流程

2. Source

Source 是 Agent 的组件，它的作用是接收数据。Source 组件可以处理各种类型的日志数据。不同数据源需要使用不同的 Source，表 2-1 列出了几种常用的 Source。

表 2-1　常用的 Source

Source 名称	描述
Avro Source	内置了 Avro Server，可接收 Avro 客户端发送的数据
Thrift Source	内置了 Thrift Server，可接收 Thrift 客户端发送的数据
Exec Source	执行指定的 Shell，并从该命令标准输出中获取数据
Spooling Directory Source	监听一个文件夹下新产生的文件，并读取内容
Kafka Source	内置了 Kafka Consumer，可从 Kafka Broker 中读取某个 Topic 的数据
Syslog	分为 TCP Source 和 UDP Source 两种，分别接收 TCP 和 UDP 数据
HTTP Source	可接收 HTTP 发来的数据
Netcat Source	在某一端口上进行监听，将每一行文字变成一个事件源

3. Sink

Sink 的作用是不断查询 Channel 中的事件并移除它们，Sink 将移除的事件批量写入存储系统或发往其他 Flume Agent。

根据发往目的地的不同，使用不同的 Sink。表 2-2 列出了几种常用的 Sink。

表 2-2　常用的 Sink

Sink 名称	描述
HDFS Sink	把 Events 写进 Hadoop HDFS
Hive Sink	将包含分割文本或者 JSON 数据的 Events 直接传送到 Hive 表或分区中
Avro Sink	将 Flume Events 转换为 Avro Events，并发送到目的地
Thrift Sink	将 Flume Events 转换为 Thrift Events，并发送到目的地
Kafka Sink	导出数据到一个 Kafka Topic
HTTP Sink	使用 HTTP Post 请求发送 Flume Events 到远程服务

4. Channel

Channel 是位于 Source 和 Sink 之间的缓冲区。Channel 能够使 Source 和 Sink 以不同的速率工作。Channel 可以同时接收多个 Source 事件，也可以将事件发送到多个 Sink 中，如图 2-4 所示。

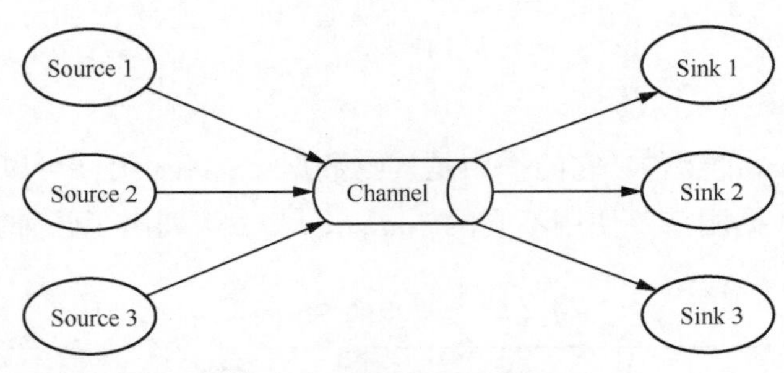

图 2-4 Channel 的作用

Flume 自带了两种 Channel，即 Memory Channel 和 File Channel。

Memory Channel 是内存中的队列，适用于不需要关心数据丢失的情景。如果需要关心数据丢失，那么 Memory Channel 就不适用，因为程序出现异常可能会导致数据丢失。

File Channel 将所有事件写到磁盘，因此在程序出现异常的情况下不会丢失数据。

5. Event

Event 是 Flume 传输数据的基本单元，Flume 将数据以 Event 的形式从数据源传递到目的地。Event 的结构如图 2-5 所示，由 Header 和 Body 两部分组成。Header 通常用来存放该 Event 的一些属性，属性以键值对的方式存储；Body 用来存放数据。

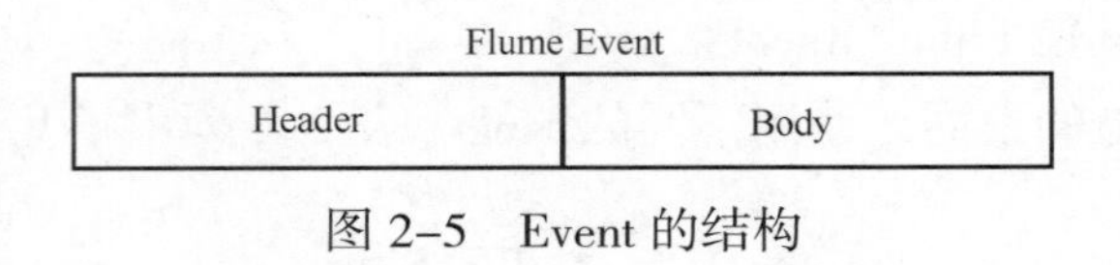

图 2-5 Event 的结构

2.2.2 Flume 的关键特性

Flume 具有以下几个特性。

① 支持多数据源。Flume 支持多种数据源，其中包括本地文件系统、远程机器、Syslog、JMS、Avro 等，可以满足不同场景下的数据采集需求。

② 支持多通道。Flume 支持多通道，可以同时传输不同类型的数据到不同的数据目标，可以灵活地配置数据流的路径。

③ 支持多数据目标。Flume 支持多种数据目标，其中包括 Hadoop、HBase、ElasticSearch、Kafka、Logstash 等，可以将数据传输到不同的数据存储和处理系统中。

④ 可靠性。Flume 采用事务机制和失败重试机制，可以确保数据传输的可靠性和数据的完整性。

⑤ 可扩展性。Flume 的架构是分布式的，可以很容易地扩展到多个节点，以处

理大量的数据流。

⑥ 高效性。Flume 使用基于事件驱动的架构，可以处理大量的数据流，并支持异步传输，提高了数据传输的效率。

⑦ 安全性。Flume 支持数据加密和认证，可以保障数据传输的安全性。

⑧ 易用性。Flume 具有简单易用的命令行界面和 Web 界面，可以方便地进行配置和管理。

⑨ 支持插件。Flume 支持自定义插件，用户可以根据不同的需求进行定制和扩展。

2.2.3 Flume 应用举例

Flume 广泛应用于大数据领域中，Flume 作为一个高效、可靠和可扩展的数据采集和传输系统，已经被广泛应用于企业级大数据平台和数据处理系统中。

应用举例如下。

① 日志采集。企业应用系统中的日志记录对于排查问题和优化系统性能非常重要，Flume 可以用于采集应用系统产生的日志数据，如 Tomcat、WebLogic、Jboss 等 Web 应用服务器产生的日志数据。

② 实时数据传输。金融、电商等领域需要实时处理海量的数据流，Flume 可以用于传输实时数据流，例如传输用户点击事件、实时交易数据等。

③ 数据聚合。企业级系统中可能存在多个不同的数据源，技术人员需要将这些数据进行聚合，并进行统一的数据分析和处理。Flume 可以将不同数据源的数据聚合起来，并将其传输到集中式的数据存储系统中。

④ 数据备份。企业级系统中的关键数据需要进行备份和存储，以避免数据丢失。Flume 可以将数据备份到多个数据存储系统中，以确保数据的安全性和可靠性。

⑤ 数据转换。不同系统和应用可能存在数据格式不一致的情况，Flume 可以将不同格式的数据进行转换和处理，例如，Flume 可以将 CSV 格式的数据转换为 JSON 格式的数据，或者将数据进行压缩、加密等。

⑥ 分布式系统日志采集。在分布式系统中，各个节点产生的日志数据需要进行采集和存储，以方便故障排查和系统维护。Flume 可以采集分布式系统中各个节点的日志数据，并将其传输到集中式的日志存储系统中。

2.3 Kafka

与 Flume 一样，Kafka 也是用于大数据处理的流处理系统，它们都可以用于收集、传输和存储大量的数据。它们在不同的场景下具有不同的优势和适用性。

2.3.1 Kafka 简介

Kafka 是一个分布式的基于发布/订阅模式的消息队列，主要应用于大数据实时处理领域。Kafka 官方将其定义为一个开源的分布式事件流平台，用于高性能数据管道、流分析、数据集成和关键任务应用。它类似于消息队列或者企业消息系统，可以发布或订阅流数据，也可以容错存储记录的数据流，还可以实时地处理记录的数据流。本节主要探讨 Kafka 作为消息队列在数据采集中的应用。

消息队列是在消息的传输过程中保存消息的容器，是分布式系统中重要的组件。Kafka 是消息队列的一种，另外，常用的消息队列还有 ActiveMQ、RabbitMQ、ZeroMQ 等。在发布/订阅模式下，消息的发布者不会将消息直接发送给特定的订阅者，而是将发布的消息分为不同的类别，订阅者只接收感兴趣的消息。消息队列常用来实现异步处理、服务解耦和流量控制。

消息队列能够实现异步处理。在同步处理过程中，增加新的业务时，通常会在原有服务的基础上添加新的服务，这样会形成较长的请求链路。例如在某个场景下，用户填写注册信息后，注册信息被写入数据库，服务器调用短信发送接口向用户发送短信，待短信发送成功后，再向用户响应注册成功的信息。同步处理的过程如图 2-6 所示。

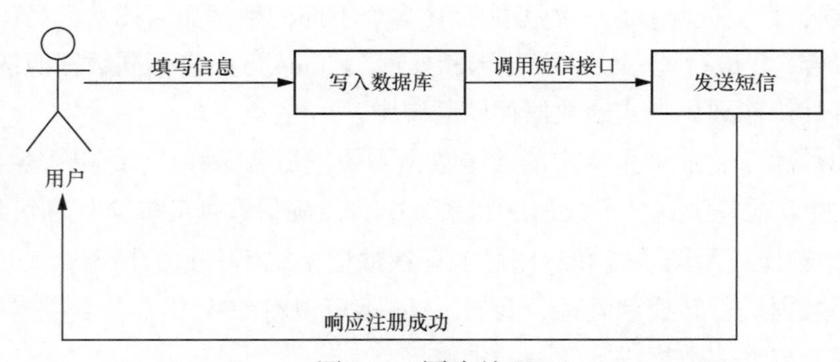

图 2-6 同步处理

相对于写入数据库，发送短信显然没有那么重要，没必要得到及时响应。所以服务器只需要在信息写入数据库后，把消息传递给消息队列就可以直接向用户响应了。这样响应速度更快，用户体验更好。图 2-7 显示的是异步处理的过程：首先将用户填写的信息写入数据库，信息写入成功后就立刻向用户响应注册成功的信息，同时将发送短信的请求写入消息队列，等待接口后续处理。

另外，消息队列还可以用来解耦，如图 2-8 所示，消息队列允许独立地扩展或修改发送者（上游服务）和消费者（下游服务）的处理过程，只需要确保他们遵循同样的接口约束。这样，下游服务不再被数据源所限制，可以根据需要订阅相应的内容。

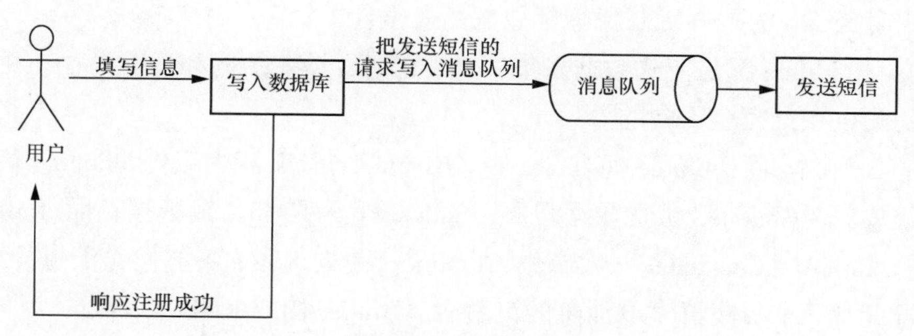

图 2-7　异步处理

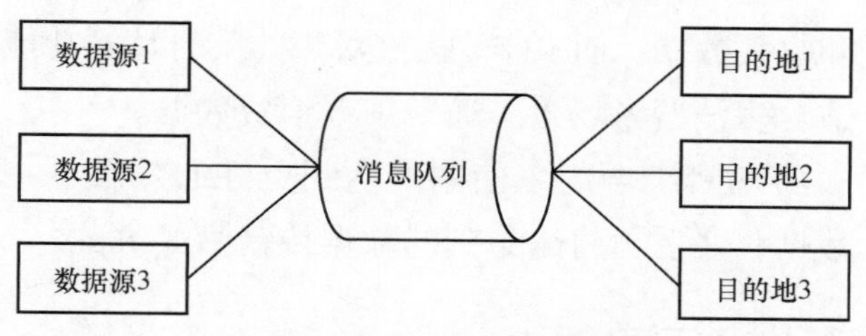

图 2-8　消息队列用于解耦

消息队列能够进行流量控制，有助于控制和优化数据流经过系统的速度，解决生产消息和消费消息速度不一致的问题。图 2-9 显示的是消息队列用于流量控制的情形：数据生产者高速生产数据，经过消息队列的流量控制后，数据消费者能够对数据进行低速消费。

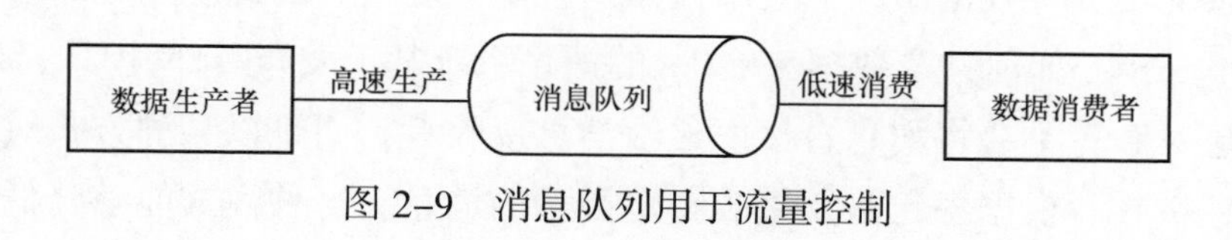

图 2-9　消息队列用于流量控制

Kafka 的特点如下。

① 支持多个生产者和多个消费者。Kafka 可以从多个前端系统收集数据，并对外提供统一格式的数据；同时也支持多个消费者从一个单独的消息流上读取数据，而且能保证消费者之间互不影响。

② 高吞吐量。Kafka 可以支持每秒数百万条的消息，这是因为 Kafka 的数据在磁盘中是顺序存储的，同时它还利用了操作系统的页缓存和零拷贝机制，在读/写数据时采取了批量读/写和批量压缩。

③ 可扩展性强。Kafka 是一个具有灵活伸缩性的系统，用户在开发阶段可以先

使用少量的机器构成 Kafka 集群，随着需求的改变，再向 Kafka 集群中添加更多的机器。

④ 可靠性强。Kafka 采用分布式结构存储数据，每一个主题都被存储在多个分区上，同时 Kafka 的副本机制保障了数据的安全性。

Kafka 和 Flume 都是流式数据采集工具，它们虽然在结构和功能上存在相似的地方，但是侧重点是完全不同的。

在基本架构方面：Flume 拥有 Source、Channel、Sink 三大组件，Source 负责向组件内接收数据，Channel 负责数据缓冲，Sink 负责移除和传输数据；而 Kafka 包括 Producer、Broker、Consumer 三大部分，Producer 是向 Kafka 集群发送消息的客户端，Consumer 是向 Kafka 集群索取消息的消费者，Broker 构成 Kafka 集群。

在功能侧重点方面：Flume 不直接提供数据持久化和实时计算，其功能侧重于数据采集和传输，Flume 追求的是数据来源和数据流向的多样性，适合多个生产者的场景，通常用来生产和收集数据；而 Kafka 提供对流的实时计算功能，Kafka 追求的是高吞吐、高负载，适合多消费者场景，通常用来消费数据。

在有些场景下，将两者结合起来使用能达到更好的效果。一般情况下，Flume 采集服务器的日志数据，之后再将采集到的数据传输给 Kafka。

2.3.2 Kafka 的架构与功能

Kafka 由 Producer、Consumer 和 Broker 三大部分组成，Producer 产生的消息在集群中被分配到不同的 Topic（主题），一个非常大的 Topic 又可以分为多个 Partition（分区）。另外，Kafka 的工作需要 Zookeeper 的配合，Kafka 利用 Zookeeper 保存元数据信息。

消息系统负责将数据从一个应用传输到另一个应用，因此应用程序可以专注于数据，而不必担心如何共享数据。Kafka 的消息系统基于发布/订阅模式，如图 2-10 所示，消息发布者不会将消息直接发送给消息接收者，而是以某种方式对消息进行分类，消息接收者根据各自需要接收特定类型的消息。这种模式能够降低系统的耦合性，提升系统的可扩展性。

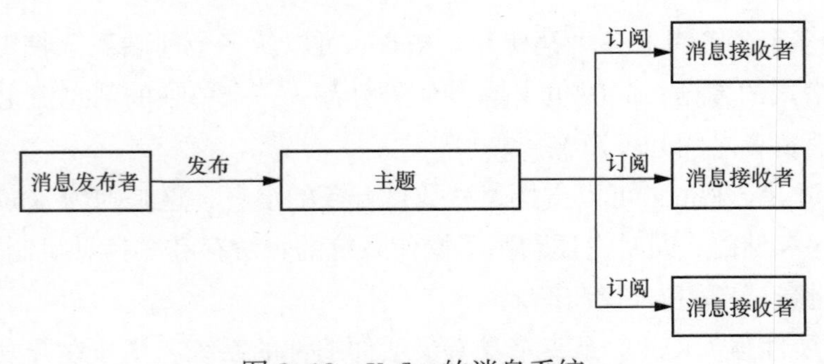

图 2-10 Kafka 的消息系统

Kafka 作为消息系统，拥有生产者（Producer）和消费者（Consumer）两个基本组件。生产者负责生产消息，将消息写入 Kafka 集群，消费者负责消费消息，从 Kafka 集群中拉取消息。用户可以直接使用 Kafka 提供的生产者和消费者命令行客户端程序，也可以使用生产者和消费者的客户端 API 开发 Kafka 应用程序。

生产者向 Kafka 集群发送消息时，需要事先指定消息的主题。生产者首先会使用序列化器，把要发送的数据序列化成字节数据，以便在网络上传输。随后数据被交给分区器处理，分区器用于确定消息要发往哪个分区。一般情况下，生产者采用默认分区器，将消息均匀分布到主题的所有分区上，某些特定场景下，生产者也可以使用自定义分区器，根据业务规则来把消息发往不同分区。确定主题和分区后，生产者将数据放入缓冲区，由一个独立的线程负责把数据分批次包装成一个个 Batch 并依次发送给相应的 Broker。服务器收到响应时会返回响应信息，如果成功则返回元数据，如果失败则按照规则重传。图 2-11 显示的是生产者发送数据的整个过程。

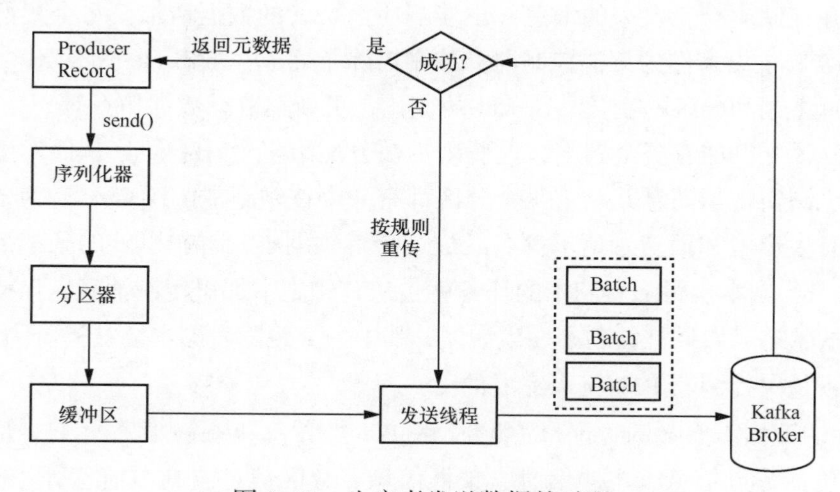

图 2-11　生产者发送数据的过程

消费者能够订阅一个或多个主题，消费者以拉（Pull）方式主动向 Kafka 集群获取数据。消费者能够通过操作偏移量来标记读取的位置。偏移量是一个不断递增的整数值，由消费者提交到 Kafka 或 Zookeeper 中保存，消费者进程的关闭不会使读取状态丢失。每个消费者都属于某一个消费者组，每个消费者组由组 ID 唯一标识。需要保证每个分区的数据只能由消费者组中的一个消费者消费。

主题（Topic）是对消息的分类，生产者和消费者面向的都是一个主题。生产者能将消息发往特定的主题，消费者也能订阅主题并进行消费。

为了将一个主题分布到多个服务器中，以实现数据冗余和扩展性，一个主题又被分为多个分区（Partition），每个分区都是一个有序队列。

由于一个主题横跨了多个服务器，由多个分区组成，因此 Kafka 无法保证消息在整个主题范围内的有序性，但能够保证在每个分区中的有序性。消息以追加的方式写入各分区，又以先入先出的方式从分区读出，读/写磁盘都是顺序进行的，这一点保证了 Kafka 的高吞吐率。如图 2-12 所示，一个主题被分成了 3 个分区，消息以追加的方式写入各分区尾部。

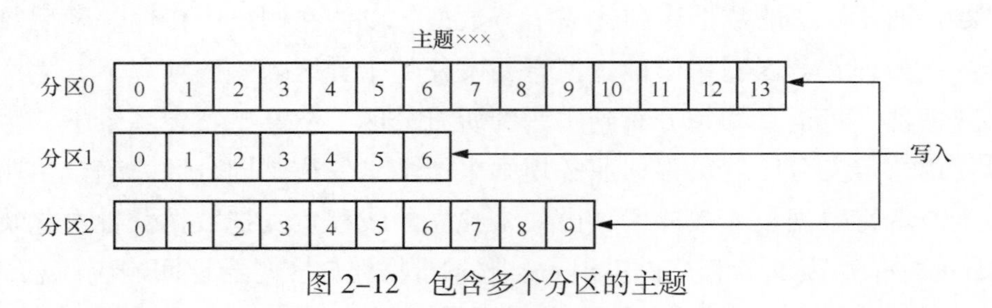

图 2-12　包含多个分区的主题

一台 Kafka 服务器就是一个 Broker，一个 Kafka 集群由多个 Broker 组成。Broker 能够接收并存储生产者发来的消息，也能响应消费者的数据请求。每个集群都有一个 Broker 被选举出来作为集群控制器，控制器除了完成一般 Broker 的工作之外，同时负责监听主题和分区的变化、Broker 的变化，更新集群元数据信息等。

每个分区可以拥有多个副本，这些副本被分配给多个 Broker，从而发生主从复制，这种机制实现了消息冗余。每个分区都有一个首领副本（Leader）。为了保证一致性，所有生产者和消费者请求都会经过这个首领副本。首领以外的副本都是跟随者（Follower）副本。跟随者副本的任务就是从首领副本那里复制消息，保持与首领副本一致的状态。如果首领副本发生崩溃，其中一个跟随者副本会被提升为新首领，选举新首领是由控制器 Broker 来完成的。

Kafka 的工作需要 Zookeeper 的配合，Kafka 利用 Zookeeper 保存元数据信息，元数据信息包括节点信息、主题信息、集群信息、分区信息、副本信息等。Kafka 在 Zookeeper 中创建相应的节点保存元数据信息，Kafka 同时也会监听节点中元数据的变化。

Kafka 集群由多个 Broker 组成，需要一个注册中心进行统一管理。Zookeeper 用一个专门节点保存 Broker 列表，Broker 在启动时，在 Zookeeper 上进行注册，Zookeeper 创建这个 Broker 节点，并保存 Broker 的 IP 地址和端口。一旦 Broker 关机，这个节点会被自动删除。

每个主题的信息也会被记录在 Zookeeper 上，由于一个主题的消息会被保存到多个分区上，Zookeeper 需要记录这些分区与 Broker 的对应关系。

主题的每个分区拥有多个副本，当 Leader 副本所在的 Broker 发生故障时，分区需要重新选举 Leader，这需要由 Zookeeper 主导完成。故障的 Broker 重新启动后，会把自己的信息注册到对应的主题中。

另外，消费者组也会向 Zookeeper 注册，Zookeeper 会为其分配节点来保存相关数据。而生产者可以根据 Zookeeper 节点存储的信息获取 Broker 集群的变化，这样可以实现动态负载均衡。图 2-13 显示的是 Kafka 的集群结构以及 Zookeeper 在 Kafka 中的作用。

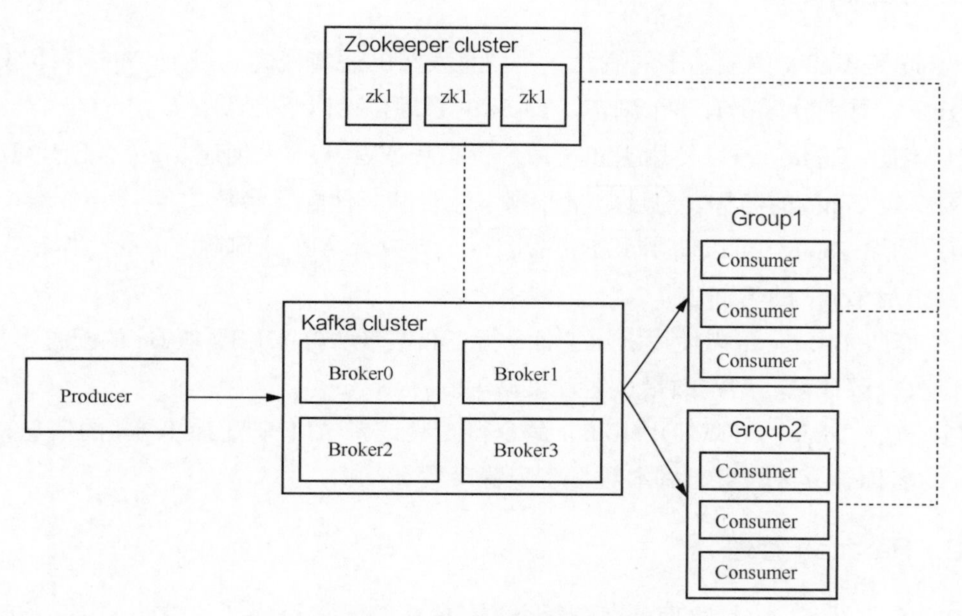

图 2-13　Kafka 的集群结构

Kafka 的主要功能如下。

① 可扩展性：Kafka 的分布式架构可以实现水平扩展，可以轻松地增加 Broker 节点和 Topic 分区，以支持海量数据处理。

② 高吞吐量：Kafka 通过将消息存储在磁盘上而不是内存中来实现高吞吐量，同时还支持批量发送和批量消费，可以在保证数据可靠性的前提下提高数据传输效率。

③ 高可靠性：Kafka 将每个 Partition 分配多个副本，即使某个节点故障，也可以通过其他副本继续提供服务，确保数据的可靠性。

④ 实时处理：Kafka 支持实时数据流处理，可以快速处理海量数据，并支持流式处理和复杂的数据流转换。

⑤ 灵活性：Kafka 提供丰富的 API 和插件，可以根据不同的业务需求灵活地定制数据处理流程。

总之，Kafka 具有高可扩展性、高吞吐量、高可靠性、实时处理和灵活性等优势，可以广泛应用于各种大数据场景，如日志收集、事件处理、实时分析、流式处理等。

2.3.3 Kafka 数据管理

Kafka 是一个分布式的流处理平台，可以处理海量的实时数据流。Kafka 数据管理包括以下几个方面。

1. Topic 管理

Topic 是 Kafka 中最基本的概念，是消息发布的逻辑概念。每个 Topic 可以分成多个分区，每个分区都有多个副本。Topic 的管理包括以下几个方面。

① 创建 Topic：可以使用 Kafka 命令行工具或者 API 来创建 Topic，创建 Topic 时需要指定 Topic 的名称、分区数量、副本数量和其他配置参数。

② 删除 Topic：可以使用 Kafka 命令行工具或者 API 来删除 Topic，删除 Topic 时需要指定 Topic 的名称。

③ 修改 Topic：可以使用 Kafka 命令行工具或者 API 来修改 Topic 的配置参数，例如修改分区数量、副本数量、清理策略等。

④ 查看 Topic：可以使用 Kafka 命令行工具或者 API 来查看 Topic 的信息，如 Topic 的名称、分区数量、副本数量、配置参数等。

2. Partition 管理

Partition 是 Topic 的物理分区，每个 Partition 都有一个唯一的 ID，Kafka 将消息存储在 Partition 中，每个 Partition 可以分配多个副本，以确保数据的可靠性。Partition 的管理包括以下几个方面。

① 创建 Partition：可以使用 Kafka 命令行工具或者 API 来创建 Partition，创建 Partition 时需要指定 Partition 的 ID 和副本数量。

② 删除 Partition：可以使用 Kafka 命令行工具或者 API 来删除 Partition，删除 Partition 时需要指定 Partition 的 ID。

③ 修改 Partition：Kafka 不支持直接修改 Partition 的配置参数，如果需要修改 Partition 的配置参数，需要先删除原来的 Partition，再重新创建新的 Partition。

④ 重置 Offset：Kafka 中的每个 Consumer 都有自己的 Offset，可以使用 Kafka 命令行工具或者 API 来重置 Consumer 的 Offset。

3. Broker 管理

Kafka 集群由多个 Broker 组成，每个 Broker 都是一个独立的 Kafka 服务器。Broker 的管理包括以下几个方面。

① 启动 Broker：需要在每个 Kafka 服务器上启动 Kafka Broker 进程。

② 停止 Broker：可以使用 Kafka 命令行工具或者 API 来停止 Kafka Broker 进程。

③ 配置 Broker：可以通过修改配置文件来配置 Kafka Broker 的参数，例如端口号、日志目录、内存大小等。

④ 监控 Broker：可以使用 Kafka 内置的监控工具或者第三方监控工具来监控 Kafka Broker 的运行状况。

4. Producer 管理

Producer 是向 Kafka 发送消息的客户端应用程序，Producer 的管理包括以下几个方面。

① 创建 Producer：可以使用 Kafka 命令行工具或者 API 来创建 Producer，创建 Producer 时需要指定 Producer 的配置参数，例如 Kafka 服务器地址、消息序列化方式等。

② 修改 Producer：可以使用 Kafka 命令行工具或者 API 来修改 Producer 的配置参数，例如消息序列化方式、缓存大小等。

③ 配置 Producer：可以通过修改配置文件来配置 Producer 的参数，例如批处理大小、压缩方式等。

④ 监控 Producer：可以使用 Kafka 内置的监控工具或者第三方监控工具来监控 Producer 的发送情况和性能状况。

5. Consumer 管理

Consumer 是 Kafka 消费消息的客户端应用程序，Consumer 的管理包括以下几个方面。

① 创建 Consumer：可以使用 Kafka 命令行工具或者 API 来创建 Consumer，创建 Consumer 时需要指定 Consumer 的配置参数，例如 Kafka 服务器地址、消息反序列化方式等。

② 修改 Consumer：可以使用 Kafka 命令行工具或者 API 来修改 Consumer 的配置参数，例如消息反序列化方式、消费位置等。

③ 配置 Consumer：可以通过修改配置文件来配置 Consumer 的参数，例如消费位置、消息拉取间隔等。

④ 监控 Consumer：可以使用 Kafka 内置的监控工具或者第三方监控工具来监控 Consumer 的消费情况和性能状况。

6. ACL 管理

ACL（访问控制列表）是 Kafka 提供的一种权限控制机制，可以控制用户对 Kafka

资源的访问权限。ACL 的管理包括以下几个方面。

① 创建 ACL：可以使用 Kafka 命令行工具或者 API 来创建 ACL，创建 ACL 时需要指定资源、用户和权限等参数。

② 删除 ACL：可以使用 Kafka 命令行工具或者 API 来删除 ACL，删除 ACL 时需要指定资源、用户和权限等参数。

③ 修改 ACL：可以使用 Kafka 命令行工具或者 API 来修改 ACL，修改 ACL 时需要指定资源、用户和权限等参数。

④ 查看 ACL：可以使用 Kafka 命令行工具或者 API 来查看 ACL，查看 ACL 时可以指定资源和用户等参数，获取对应的权限信息。

Kafka 的数据管理主要涉及 Topic、Partition、Broker、Producer、Consumer 和 ACL 等方面，这些方面的管理都非常重要，可以帮助用户更好地使用和管理 Kafka 集群。

习　题

1．简述什么是 Flume。

2．简述什么是 Kafka。

3．Flume 和 Kafka 有什么关系？

第3章 大数据分布式处理概述

主要内容

大数据分布式处理是指将庞大的数据集分割成多个部分，并在多台计算机上同时进行处理的技术。它旨在解决传统单一计算机无法有效处理大规模数据的问题，通过并行计算和分布式存储来提高数据处理的速度和效率。本章将介绍大数据开发与分布式技术，详细介绍 Hadoop 体系架构、Hadoop 分布式开发与 Hadoop 生态系统。

3.1 大数据开发与分布式技术简介

大数据作为火热的 IT 行业的词汇，随之而来的数据开发、数据仓库、数据安全、数据分析、数据挖掘等围绕大数据的商业价值的利用逐渐成为行业人士争相追捧的焦点。大数据开发与分布式技术是指在处理和开发大规模数据时，利用分布式系统和相关技术进行数据处理、存储和分析的过程。大数据开发与分布式技术涉及多个方面，如数据采集、数据存储、数据处理和数据分析等环节。

在大数据开发与分布式技术中，一些常见的技术和概念如下。

（1）分布式系统

大数据处理通常依赖于分布式系统，该系统是由多个计算机节点组成的系统，每个节点都可以独立地进行计算和存储。分布式系统通过并行处理和分布式存储来处理大规模数据集，从而提高处理速度和容错性。

（2）分布式存储

为了有效地存储大规模数据，采用分布式存储技术是必要的。分布式文件系统（如 HDFS）和分布式数据库（如 Apache HBase）是常用的分布式存储解决方案，它们能够将数据分布在多个节点上，以实现数据的高可用性和容错性。

（3）分布式计算

大数据处理需要并行计算和分布式处理能力。MapReduce 和 Apache Spark 是常见的分布式计算框架，它们提供了并行计算模型和编程接口，可以将计算任务分割成多个子任务，并在多个计算节点上同时执行。

（4）数据采集和流处理

在大数据开发中，数据采集是获取和收集大规模数据的过程。流处理技术（如 Apache Kafka 和 Apache Flink）可以实时地处理和分析数据流，使得数据可以在流动过程中进行实时处理和决策。

（5）数据仓库和数据湖

数据仓库和数据湖用于存储和管理大规模数据。数据仓库是结构化和预定义的数据存储，而数据湖是非结构化和原始的数据存储。它们提供了数据的集中存储和管理，以支持数据分析和挖掘。

（6）并行计算和分区

为了充分利用分布式系统的计算能力，需要将数据分割成多个分区，并在不同的计算节点上并行处理。数据分区可以按照不同的策略进行，例如按照数据的键值范围、数据的哈希值或随机分配等。

大数据开发与分布式技术可以处理和分析海量的数据，发现数据中的模式，并支持数据驱动的决策和业务创新。这些技术在商业、金融、医疗等领域都有广泛的应用。图 3-1 展示了大数据技术在金融领域的应用。

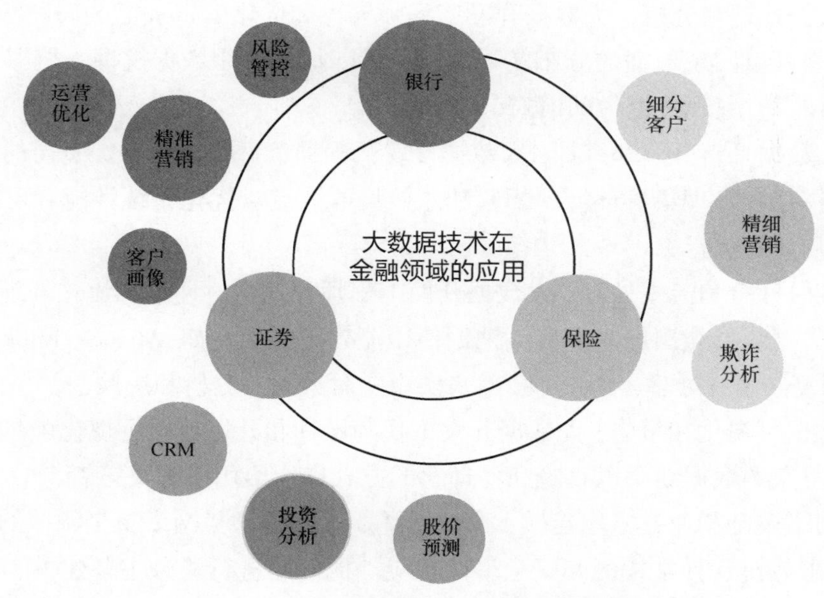

图 3-1　大数据技术在金融领域的应用

3.1.1　大数据开发

从大数据开发的工作内容来看，大数据开发主要负责数据采集、数据清洗、数据处理和分析、数据建模以及大数据平台的开发和维护等工作。大数据开发可以分为两类。第一类是编写 Hadoop、Spark 的应用程序，这是大数据开发中的一类工作，涉及编写和优化基于 Hadoop、Spark 等大数据处理框架的应用程序。大数据开发人员需要使用编程语言（如 Java、Python、Scala）来开发和实现数据处理逻辑，利用 Hadoop MapReduce、Spark RDD、Spark SQL 等技术进行分布式数据处理和分析。他们需要设计和优化算法，以提高数据处理的效率和性能。第二类是对大数据处理系统本身进行开发，这是大数据开发的另一类工作，涉及对大数据处理系统的开发和维护。大数据开发人员需要搭建和管理大数据平台，其中，包括配置和优化集群环境、监控和维护集群节点、处理系统故障和性能调优等。他们也负责开发自定义的数据处理组件或工具，以满足特定的业务需求或优化数据处理流程。

大数据开发工程师主要负责处理和管理大规模数据集的开发工作，以下是大数据开发工程师的主要职责。

① 数据采集和清洗：大数据开发工程师负责设计和实现数据采集系统，从各种数据源中提取数据，并对其进行清洗和预处理，以确保数据的质量和一致性。

② 数据存储和管理：大数据开发工程师选择和配置适当的数据存储技术，如分布式文件系统、NoSQL 数据库或数据仓库，以有效地存储和管理大规模数据集。

③ 数据处理和分析：大数据开发工程师编写和优化 Hadoop、Spark 等分布式计算应用程序，以实现数据的分布式处理和分析。他们使用数据挖掘、机器学习和统计分析等技术，发现数据中的模式、趋势等。

④ 大数据平台开发和维护：大数据开发工程师负责构建和维护公司的大数据平台，包括搭建和管理集群环境、配置和监控集群节点、优化系统性能和可靠性，以确保平台的高效运行。

⑤ 实时计算和流式处理：大数据开发工程师开发实时计算和流式处理系统，以处理实时数据流并做出即时响应。他们使用流处理框架（如 Apache Flink、Apache Kafka）和复杂事件处理（CEP）技术来实现实时数据的分析和决策。

⑥ 数据可视化和报告：大数据开发工程师设计和开发数据可视化工具和报告系统，以将复杂的数据结果以直观和易理解的方式展示给用户和决策者。

⑦ 网络安全和业务主题建模：大数据开发工程师参与网络安全领域的工作，这里包括日志分析、异常检测和安全事件响应。他们还进行业务主题建模，将业务需求转化为可操作的数据模型和指标。

大数据的开发学习有一定的难度，零基础的人员首先要学习 Java 语言打基础，一般而言，学习 Java 标准版（Java SE）、Java 企业版（Java EE）需要一段时间；然后开始大数据技术体系的学习，主要学习 Hadoop、Spark、Flink 等。除此，大数据开发需要学习的内容包括三大部分，分别是：大数据基础知识、大数据平台知识、大数据场景应用。大数据基础知识有 3 个主要部分：数学、统计学和计算机。大数据平台知识是大数据开发的基础，往往以搭建 Hadoop、Spark 平台为主。

大数据技术可以分成以下几类。

一是大数据平台本身，一般是基于某些 Hadoop 产品，如 Cloudera's Distribution Including Apache Hadoop（CDH）部署后提供服务。部署的产品里有很多的组件，如 Hive、HBase、Spark、ZooKeeper 等。

二是 ETL，即数据抽取过程，大数据平台中的原始数据一般是来源于公司内的其他业务系统，如银行里面的信贷、核心等，这些数据每天会从业务系统抽取到大数据平台中，进行一系列的标准化、清理等操作，再经过一些建模生成一些模型给下游系统使用。

三是数据分析，对收集的数据进行处理，典型的如报表应用；还有一些如风险监测等平台，也是基于大数据平台收集的数据来进行处理。

3.1.2 分布式管理技术

不可否认，大数据技术在近几年发展迅速，其核心实现一直依赖分布式技术。构建在分布式技术之上的架构，包括分布式存储和分布式计算等关键技术组件，形成了一个成熟而完善的技术生态系统。这一生态系统为应对各类大数据处理挑战提供了全面的解决方案。进入大数据时代，数据规模达到 TB、PB 级别之后，依靠传统的数据仓库已很难满足实际的需求。

分布式的核心思想，其实就是分而治之，将单台机器无法解决的问题，扩展到一组机器组成的集群当中，大家共同处理这些数据，各自处理一部分，最后再进行数据的整合。企业搭建大数据系统平台，多是采取分布式架构的开源实现，以低成本的方式实现大数据业务的“落地”。以 Hadoop 为例，Hadoop 作为基础架构，形成了 Hadoop 技术生态圈，通过不同的功能组件，来共同满足企业个性化的数据需求。

HDFS 等分布式文件系统解决存储容量问题；Tachyon 等解决内存容量问题；HBase、OceanBase 等解决数据库容量问题；Kafka 等解决队列容量和性能问题；Zookeeper 解决分布式锁问题；Hadoop、Strom、Spark 等分布式计算系统解决计算量问题，基本上都是提出计算范式，框架解决通信、调度等问题。

从行业发展现状来说，MapReduce、Storm、Spark、Flink 等开源分布式计算框架各有优势，也适用于不同的场景。MapReduce 是由 Google 提出的分布式计算编程模型，后来由 Apache Hadoop 项目实现。它适用于批处理任务，能够处理大规模的数据集。MapReduce 的优势在于简单易用、可靠性高，适合离线数据处理和数据分析。Storm 是一种实时流处理框架，适用于处理高速数据流。它提供了实时数据处理的能力，支持流式计算、事件处理和流数据分析等应用场景。Storm 的优势在于低时延、高吞吐量和容错性强，适合实时数据处理和实时分析。Spark 是一种通用的分布式计算框架，支持批处理、实时流处理、机器学习和图计算等多种计算模式。它具有内存计算的优势，能够在内存中高效地处理数据，从而提供更快的计算速度。Spark 还提供了丰富的 API 和库，使得开发人员可以方便地进行数据处理和分析。Flink 是一种流批一体的分布式计算框架，融合了批处理和流处理的优势。它具有低时延、高吞吐量和容错性强的特点，可以处理实时和离线数据。Flink 还提供了复杂事件处理、图计算和机器学习等功能，适合复杂的数据处理和分析场景。对于大数据开发工程师而言，掌握这些基础框架及其应用场景，是基本的技能要求之一。

以下是几种常见的分布式管理技术。

（1）集群管理

集群管理技术用于管理大规模集群中的节点，负责节点的配置、监控、自动化部署和故障恢复等任务。常见的集群管理工具包括 Apache Hadoop YARN（另一种资源协调者）、Apache Mesos、Kubernetes 等。

（2）资源调度

资源调度技术用于动态地分配和管理分布式系统中的资源，如计算资源、存储资源和网络带宽等。合理的资源调度算法和策略，可以实现资源的高效利用和负载均衡。常见的资源调度工具有 Apache Hadoop YARN、Apache Mesos、Apache Spark 等。

（3）分布式一致性

分布式一致性技术用于确保分布式系统中的数据和状态的一致性。在分布式系统中，节点之间的通信时延和故障可能导致数据不一致的问题，分布式一致性技术通过各种协议和算法（如 Paxos、Raft、ZAB）来实现数据的一致性和可靠性。

（4）分布式事务

分布式事务技术用于跨多个节点和资源的分布式系统中执行一致的事务操作。分布式事务需要解决分布式环境下的并发控制、隔离性和故障恢复等问题。常见的分布式事务技术包括两阶段提交（2PC）、三阶段提交（3PC）、Saga 等。

（5）分布式锁和协调

分布式锁和协调技术用于实现分布式系统中的并发控制和协作。分布式锁可以确保在分布式环境下对共享资源的互斥访问，而分布式协调技术可以协调多个节点的操作和通信。常见的分布式锁和协调工具包括 ZooKeeper、etcd 等。

这些分布式管理技术在构建和运维大规模分布式系统中起着重要的作用，通过提供节点管理、资源调度、一致性保证、事务管理和并发控制等功能，帮助用户构建和使用高性能、高可用性和可扩展性的分布式系统。

3.2 Hadoop——分布式大数据系统

Hadoop Apache 旗下的一个开源计算框架，具有高可靠性和可扩展性，可以部署在大量成本低廉的个人计算机（PC）上，为分布式计算和存储任务提供基础支持。本章通过介绍 Hadoop 的起源发展、体系架构、分布式开发以及应用案例，让读者了解 Hadoop 与大数据处理的关系，及其简单结构和设计思想。

3.2.1 Hadoop 简介

Hadoop 是针对大数据处理研发的一个开源分布式系统架构，是一个有效解决分布式存储和并行计算的平台。Hadoop 是搭建在廉价 PC 上的分布式集群系统架构，具有高可用性、高容错性、可扩展性等众多优点。其因开源、低成本的特点，备受企业追捧，目前已成为最常用的大数据处理平台之一。Hadoop 的实现基于 Google 公司发布的关于 MapReduce、Google File System 和 BigTable 的 3 篇经典论文。Google 公司虽然没有将其核心技术开源，但这 3 篇论文已向开源社区的开发者指明了方向。Hadoop 之父——Doug Cutting 基于 Google 公司的 3 篇论文使用 Java 语言开发了 Hadoop，并将其开源。随后，Apache 基金会整合 Doug Cutting 以及其他 IT 公司的贡献成果，推出了 Hadoop 生态系统。

Hadoop 是以分布式文件系统和 MapReduce 为核心，以及一些支持 Hadoop 的其他子项目的通用工具组成的分布式计算系统，主要用于海量数据（大于 1TB）的高效存储、管理和分析。Hadoop 以分布式集群为框架，可以动态地添加和删除节点，能为空闲的计算节点分配任务，并完成相关数据计算与存储。此外，Hadoop 还能够实现各个节点之间的数据动态交互通信，这使得 Hadoop 平台拥有较高的数据处理效率，并且平台的副本策略默认保存着多个数据副本，当有任务执行失败时，能自动重新分配任务，具有很高的容错性；同时只需要廉价的服务器或 PC 就可以构建 Hadoop 平台，不需要额外购买其他硬件，又是开源的，进一步降低了企业的成本。腾讯、华为等公司都部署了基于 Hadoop 平台的大数据分布式系统。

简单来说，Hadoop 是一个可以更容易开发和处理大规模数据的软件平台。Hadoop 这个名字不是一个缩写，而是一个虚构的名字。该项目的创建者 Doug Cutting 这样解释 Hadoop 的得名：“这个名字是我的孩子给一个棕黄色的大象玩具起的。我的命名标准就是简短、容易发音和拼写，没有太多的意义，并且不会被用于别处。小孩子恰恰是这方面的高手。”图 3-2 所示为 Hadoop 的 Logo。

图 3-2　Hadoop 的 Logo

Hadoop 最早起源于 Nutch。Nutch 是基于 Java 实现的开源搜索引擎，2002 年由雅虎开发。2003 年，Google 在操作系统原理会议上发表了有关 Google 分布式文件系统（GFS）的论文；2004 年，Google 在操作系统设计与实现会议上发表了有关 MapReduce 分布式处理技术的论文。Doug Cutting 意识到，GFS 可以解决在网络爬取和索引过程中产生的超大文件存储需求的问题，MapReduce 框架可用于处理海量网页的索引问题。但是，Google 仅仅提供了思路，并没有提供开源代码。于是，在 2004 年，Nutch 项目组将这两个系统在原有理论的基础上完成了开源，形成了 Hadoop，使其成为真正可扩展应用于 Web 数据处理的技术。

Facebook、Amazon、雅虎、Twitter 等互联网信息提供商和电商，基于 Hadoop 平台为用户提供快速的服务和精准的分析。在 Facebook 部署的 Hadoop 集群内，计算机超过了 2000 台，CPU 核心超过 23000 个，可存储的数据量达到 36PB，用于存储日志数据，支持其上的数据分析和机器学习。Amazon 是全球最大的电子商务网站之一，其根据用户的购买和搜索日志数据搭建 Hadoop 集群，完成用户端的购买、浏览分析和商品的智能推荐。雅虎于 2008 年搭建完成了 Hadoop 云平台，并将其应用于网页搜索、日志分析及广告推送。IBM、Oracle 和惠普等解决方案的提供商或设备商主要基于 Hadoop 架构平台为企业客户提供大数据应用产品和解决方案。例如，IBM 提供的大数据产品包括基于 Hadoop 开源平台开发的 IBM 大数据平台系统，以及流数据处理软件 Streams、分析工具 Big Insights 等面向 Hadoop 云平台开发的数据分析产品。在此方面，国内知名互联网企业有阿里巴巴（淘宝）、百度、腾讯等。淘宝是国内大型的 C2C 电子商务平台，也是国内第一批采用 Hadoop 升级数据平台的企业之一。从 2008 年开始，淘宝开始研究基于 Hadoop 的数据处理平台“云梯”的分布式架构，“云梯”使用的 Hadoop 集群是全国最大的 Hadoop 集群之一，支撑了淘宝的整个数据分析工作，整个集群达到 17000 个节点，数据总容量达 24.3PB，并且每天仍以 255TB 的速度不断增长。百度基于 Hadoop 的海量数据处理平台，平均每天处理的数据量超过了 20PB，它的处理平台主要用于网页爬取和分析、搜索日志存储和分析、在线广告展示与点击等商业数据的分析与挖掘。腾讯以其自主研发的“台风”云平台进行在线数据处理和离线批量数据处理，同时应用 Hadoop 解决了一些海量数据环境下的特殊问题，如网页分析、数据挖掘，并且腾讯对“台风”云平台进行了一些扩展，以支持 Hadoop 程序在其上运行，提高了资源利用率和 Hadoop 的可扩展性。

Hadoop 是基于以下思想设计的。

① Hadoop 可以通过普通机器组成的服务器群来分发以及处理数据，这些服务器群总计可达数千个节点，大幅降低了高性能服务成本。

② Hadoop 减少了服务器节点失效导致的问题，不会因某个服务器节点失效导致工作不能正常进行，因为 Hadoop 能自动维护数据的多份复制，并且在任务失败后能自动重新部署计算任务，实现了工作可靠性和弹性扩容能力。

③ Hadoop 能高效率地存储和处理 PB 量级的数据。通过分发数据，Hadoop 可以在数据所在的节点上并行地处理它们，这使得处理速度非常快。一个 10TB 的巨型文件，在传统系统上处理将需要很长时间，但是在 Hadoop 上，因采用并行执行机制，因而可以大大提高效率。

④ 文件不会被频繁写入和修改；机柜内的数据传输速率大于机柜间的数据传输速率；在海量数据的情况下，移动计算比移动数据更高效。

3.2.2 Hadoop 3.x

Hadoop 2.x 和 Hadoop 3.x 是 Hadoop 框架的不同版本，每个版本都有自己的一套功能和改进。以下是 Hadoop 3.x 的优化点。

1. 通用性

① 精简 Hadoop 内核：Hadoop 3.x 剔除了一些过期的 API 和实现，使得内核更加轻量和高效。例如，FileOutputCommitter 的默认实现从 v1 替换为更高效的 v2。此外，Hadoop 3.x 废除了 Hadoop 子实现序列化库 org.apache.hadoop.Records。

② Classpath isolation：Hadoop 3.x 引入了类路径隔离机制，以解决不同版本的 JAR 包之间的冲突问题。例如，在同时使用 Hadoop、HBase 和 Spark 时，可能会出现 Google Guava 版本冲突的情况。通过类路径隔离，Hadoop 3.x 能够确保每个组件使用其所需的特定版本，从而避免冲突。

③ Shell 脚本重构：Hadoop 3.x 对 Hadoop 的管理脚本进行了重构和改进。这些脚本包括启动和停止 Hadoop 集群的脚本，修复了大量的 bug，并增加了新的特性。此外，Hadoop 3.x 还引入了对动态命令的支持，使得管理和操作 Hadoop 集群更加方便和灵活。

2. HDFS

Hadoop 3.x 中的 HDFS 在可靠性和支持能力上进行了如下改进。

① HDFS 支持数据的擦除编码，这使得 HDFS 在不降低可靠性的前提下，节省一半存储空间。

② 多 NameNode 支持，即支持一个集群中，一个 Active、多个 Standby NameNode 部署方式。注：多 ResourceManager 特性在 Hadoop 2.0 中已经支持。

3. MapReduce

Hadoop 3.x 中的 MapReduce 较之前的版本做出了以下更改。

① Tasknative 优化：为 MapReduce 增加了 C/C++的 map output collector 实现（包括 Spill、Sort 和 IFile 等），通过作业级别参数调整就可切换到该实现上。对于 shuffle 密集型应用，其性能可提高约 30%。

② 自动推断 MapReduce 内存参数：在 Hadoop2.0 中，为 MapReduce 作业设置内存参数非常烦琐，参数一旦设置不合理，则会严重浪费内存资源。

4. YARN

YARN Timeline Service v2 提供一个通用的应用程序共享信息和共享存储模块，

可以将 metrics 等信息保存，可以实现分布式 writer 实例和一个可伸缩的存储模块。同时，v2 在稳定性和性能方面也有了提升，原版本不适用于大集群，v2 使用 hbase 取代了原来的 leveldb 作为后台的存储工具。

5. HDFS 纠删码

在 Hadoop 3.x 中，HDFS 实现了 Erasure Coding（EC，纠删码）新功能。EC 是一种数据保护技术，最早用于通信行业数据传输中的数据恢复，是一种编码容错技术。它在原始数据中加入新的校验数据，使得各个部分的数据产生关联性。一定范围的数据出错，通过纠删码技术都可以进行恢复。

6. 支持多个 NameNode

最初的 HDFS NameNode High-Availability 实现仅仅提供了一个 Active NameNode 和一个 Standby NameNode，并且通过将编辑日志复制到 3 个 JournalNode 上，这种架构能够容忍系统中的任何一个节点的失败。然而，一些部署需要更高的容错度。我们可以通过这个新特性来实现，该特性允许用户运行多个 Standby NameNode。比如，配置 3 个 NameNode 和 5 个 JournalNode，这个系统可以容忍 2 个节点的故障，而不是仅仅一个节点。

7. 数据节点均衡器

Hadoop 3.x 引入了一个新的组件，这个组件称为数据节点均衡器，用于实现数据均衡。数据节点均衡器是 Hadoop 集群中的一个工具，用于在数据节点之间移动数据块，以平衡集群存储的数据。数据节点均衡器使用一种基于带宽的算法，它考虑数据节点之间的网络带宽和负载情况，以确定最佳的数据块移动策略。通过在数据节点之间移动数据块，数据节点均衡器可以确保数据在整个集群中的分布更加均匀，从而提高集群的整体性能和容量利用率。

8. YARN 资源类型

在 Hadoop 3.x 中，YARN 资源模型已经进行了扩展，以支持用户自定义的可计数资源类型。这意味着其不仅仅支持 CPU 和内存这样的标准资源，还可以支持其他类型的资源，如 GPU、软件许可证或本地附加存储器等。集群管理员可以根据实际需求定义和配置这些自定义资源类型。这样，YARN 调度器可以考虑到这些资源的可用性和需求，并根据它们进行任务的调度和分配。

9. Shell 脚本重写

增加了参数冲突检测，避免重复定义和冗余参数；CLASSPATH、JAVA_

LIBRARY_PATH 和 LD_LIBRARY_PATH 等参数的去重，缩短了环境变量；Shell 脚本重构，将更多的代码加入 function 中，提供重载，删除重复代码，便于测试；脚本清理和简化；尽可能与当前系统保持兼容；提供一份 Hadoop 环境变量列表。

10. 磁盘平衡

Hadoop 3.x 中引入了一项新功能，即 HDFS 磁盘均衡器。它允许在单个 DataNode 上进行不同硬盘间的数据均衡，解决了旧版本 Hadoop 中节点内部不同硬盘数据不均衡的问题。在旧版本的 Hadoop 中，数据均衡器只能在不同 DataNode 之间进行数据迁移和均衡，而无法处理单个节点内部不同硬盘之间的数据不均衡的问题。这可能导致某些硬盘空间不足，而其他硬盘空间浪费。

3.3 Hadoop 的体系架构

Hadoop 是一种实现了对大数据进行分布式并行处理的系统框架，是一种数据并行处理的方法。Hadoop 由实现数据分析的 MapReduce 计算框架和实现数据存储的 HDFS 有机结合组成。MapReduce 自动把应用程序分割成许多小的工作单元，并把这些单元放到集群中的相应节点上执行，而 HDFS 负责存储各个节点上的数据，实现高吞吐率的数据的读/写。Hadoop 的基础架构如图 3-3 所示。

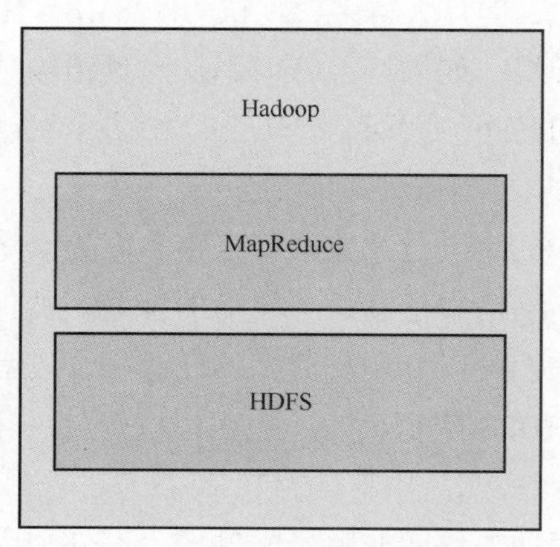

图 3-3　Hadoop 的基础架构

当数据集的大小超过一台独立的物理计算机的存储能力时，就有必要对它进行分区并存储到若干台单独的计算机上。管理网络中跨多台计算机存储的文件系统称为分布式文件系统（DFS）。该系统架构于网络之上，势必会引入网络编程的复杂性，因此分布式文件系统比普通磁盘文件系统更为复杂。例如，使文件系统能够容忍节点故障且不丢失任何数据，就是一个极大的挑战。HDFS 中的 H 代表 Hadoop，在非正式文档或旧文档以及配置文件中，HDFS 有时也被简称为 DFS，它们其实是一回事。下面将介绍 HDFS 与 MapReduce。

1. HDFS

HDFS 的架构由以下几个主要组件组成，分别是 NameNode（名称节点）、DataNode（数据节点）、Secondary NameNode（辅助名称节点）和 Client（客户端）。NameNode 是主节点（只有一个），管理 HDFS 的名称空间和数据块映射信息，配置副本策略，处理客户端的读/写请求。Secondary NameNode 并不是 NameNode 的备份，它主要负责定期合并和持久化 NameNode 的内存中的元数据变更日志和文件系统状态快照。这样可以减轻 NameNode 的负载，同时也提供了一种恢复机制，用于在 NameNode 发生故障时恢复文件系统的状态。DataNode 是 HDFS 的从节点，存储实际的数据块。每个数据节点负责存储一部分数据块，并定期向 NameNode 报告自己的存储状态。DataNode 还处理客户端的读/写请求，执行数据块的读/写操作。HDFS 的客户端是与 HDFS 交互的应用程序或用户。客户端通过与 NameNode 和 DataNode 通信来进行文件系统的操作，如读取、写入、删除文件等。

每个磁盘都有默认的数据块大小，这是磁盘进行读/写的最小单位。构建于单个磁盘之上的文件系统通过磁盘块来管理该文件系统中的块，该文件系统块的大小可以是磁盘块的整数倍。文件系统块一般为几千字节，磁盘块一般为 512 字节。HDFS 也有着块（block）的概念，但是大得多，默认为 128MB。HDFS 的块比磁盘的块大，这样是为了最小化寻址开销。如果块足够大，从磁盘传输数据的时间会明显长于定位这个块开始位置所需的时间。因而，传输一个由多个块组成的大文件的时间取决于磁盘的传输速率。

对分布式文件系统中的块进行抽象会带来很多好处。第一个最明显的好处是，一个文件的大小可以大于网络中任意一个磁盘的容量。文件的所有块并不需要存储在同一个磁盘上，因此它们可以利用集群上的任意一个磁盘进行存储。事实上，尽管不常见，但对于整个 HDFS 集群而言，也可以仅存储一个文件，该文件的块占满集群中所有的磁盘。

第二个好处是，使用抽象块而非整个文件作为存储单元，大大简化了存储子系统的设计。简化是所有系统的目标，但是这对于故障种类繁多的分布式系统来说尤为重要。将存储子系统的处理对象设置为块，可简化存储管理（由于块的大小是固定的，因此计算单个磁盘能存储多少个块就相对容易）。同时也消除了对元数据的顾虑（块只是要存储的大块数据，而文件的元数据，如权限信息，并不需要与块一同存储，这样一来，其他系统就可以单独管理这些元数据）。

不仅如此，块还非常适合用于数据备份进而提供数据容错能力和提高可用性。将每个块复制到少数几个物理上相互独立的机器上（默认为3个），可以确保在块、磁盘或机器发生故障后数据不会丢失。如果发现一个块不可用，系统会从其他地方读取另一个复本，而这个过程对用户是透明的。一个因损坏或机器故障而丢失的块可以从其他候选地点复制到另一台可以正常运行的机器上，以保证复本的数量回到正常水平。同样，有些应用程序可能选择为一些常用的文件块设置更高的复本数量进而分散集群中的读取负载。

HDFS中的数据具有“一次写，多次读”的特征，即保证一个文件在一个时刻只能被一个调用者执行写操作，但可以被多个调用者执行读操作。HDFS以流式数据访问模式来存储超大文件，并运行于商用硬件集群上。HDFS具有高容错性，可以部署在低廉的硬件上，提供对数据读/写的高吞吐率，非常适合具有超大数据集的应用程序。HDFS为分布式计算存储提供了底层支持，HDFS与MapReduce框架紧密结合，是完成分布式并行数据处理的典型案例。

2. MapReduce

MapReduce是一种可用于数据处理的编程模型。该模型比较简单，但要想写出有用的程序却不太容易。Hadoop可以运行各种语言（例如Java、Ruby和Python语言）的MapReduce程序。最重要的是，MapReduce程序本质上是并行运行的，因此可以将大规模的数据分析任务分发给任何一个拥有足够多机器的数据中心。MapReduce的优势在于处理大规模数据集。

MapReduce分为Map（映射）和Reduce（归约）过程，是一种将大任务细分处理再汇总结果的方法。MapReduce的主要吸引力在于：它支持使用廉价的计算机集群对规模达到PB级的数据集进行分布式并行计算，是一种编程模型。它由Map函数和Reduce函数构成，分别完成任务分解与结果汇总。MapReduce的用途是批量处理，而不是实时查询，即不适用于交互式应用。它能使编程人员在不会分布式并行编程的情况下，将自己的程序运行在分布式系统上。

MapReduce模块由以下几个组件组成。

① JobClient。JobClient是MapReduce的客户端库，用于提交和管理MapReduce作业。它与资源管理器（如YARN）进行通信，负责向集群提交作业，并跟踪作业的执行状态和进度。

② JobTracker。JobTracker是MapReduce的主节点组件，负责协调和管理作业的执行。它接收来自JobClient的作业提交请求，并将作业拆分为多个任务分配给不同的任务跟踪器进行执行。

③ TaskTracker。TaskTracker是MapReduce的从节点组件，运行在集群的各个节

点上。它负责执行任务，并向 JobTracker 汇报任务的状态和进度。TaskTracker 会接收来自 JobTracker 的任务分配，并运行 Map 任务和 Reduce 任务。

④ Task。Task 是 MapReduce 中的基本执行单元。它包括两种类型：Map 任务和 Reduce 任务。Map 任务负责处理输入数据的切片，将输入键值对映射为中间键值对。Map 任务会执行用户自定义的 Map 函数，对输入数据进行处理，并输出中间键值对。Reduce 任务负责将具有相同键的中间键值对进行归约操作，生成最终的结果。Reduce 任务会执行用户自定义的 Reduce 函数，对输入中间键值对进行处理，并输出最终结果。

⑤ InputFormat 和 OutputFormat。InputFormat 定义了输入数据的格式和读取方式，将输入数据划分为逻辑上的输入记录。OutputFormat 定义了输出数据的格式和写入方式，将最终的结果写入输出目标。

这些组件共同协作，构成了 MapReduce 模块的架构。JobClient 负责作业的提交和管理，JobTracker 协调和管理作业的执行，TaskTracker 在节点上执行任务，Task 执行具体的 Map 和 Reduce 操作，InputFormat 和 OutputFormat 定义输入/输出的格式和方式。通过这种架构，MapReduce 模块实现了大规模数据处理和分布式计算的能力。

3.4 Hadoop 与分布式开发

分布式从字面意思理解是指物理地址分开，如主分店：主店在纽约，分店在北京。分布式就是要在不同的物理位置空间实现数据资源共享与处理。例如，金融行业的银行联网、交通行业的联网售票、公安系统的全国户籍管理等，这些企业或行业单位之间具有地理分布性或业务分布性特点，如何在这种分布式的环境下开发高效的数据库应用程序是非常重要的。

典型的分布式开发采用的是层模式变体，即松散分层系统。这种模式的层间关系松散，每层可以使用它低层的所有服务，不限于相邻层，从而增加了层模式的灵活性。较常用的分布式开发模式有客户机/服务器（C/S）开发模式、浏览器/服务器（B/S）开发模式、C/S 开发模式和 B/S 开发模式综合应用模式。C/S 开发模式如图 3-4 所示，B/S 开发模式如图 3-5 所示。

图 3-5 多了一层 Web 服务器层，它主要用于创建和展示用户界面。在现实中，我们经常把 Web 服务器层和应用服务器层统称为业务逻辑层，也就是说在 B/S 开发模式下，一般把业务逻辑放在 Web 服务器中。因此，分布式开发主要分为 3 个层次架构，即用户界面、业务逻辑、数据库存储与管理，3 个层次分别部署在不同的位置。

其中，用户界面实现客户端所需的功能，B/S 架构的用户界面是通过 Web 浏览器来实现的。由此可看出，B/S 架构的系统比 C/S 架构的系统更能避免高额的投入和维护成本。业务逻辑层主要是由满足企业业务需要的分布式构件组成的，负责对输入/输出的数据按照业务逻辑进行加工处理，并实现对数据库服务器的访问，确保数据在更新数据库或将数据提供给用户之前是可靠的。数据库存储与管理是在一个专门的数据库服务器上实现的，从而实现软件开发中的业务与数据分离，实现软件复用。这样的架构能够简化客户端的工作流程并减少系统维护和升级的成本与工作量。

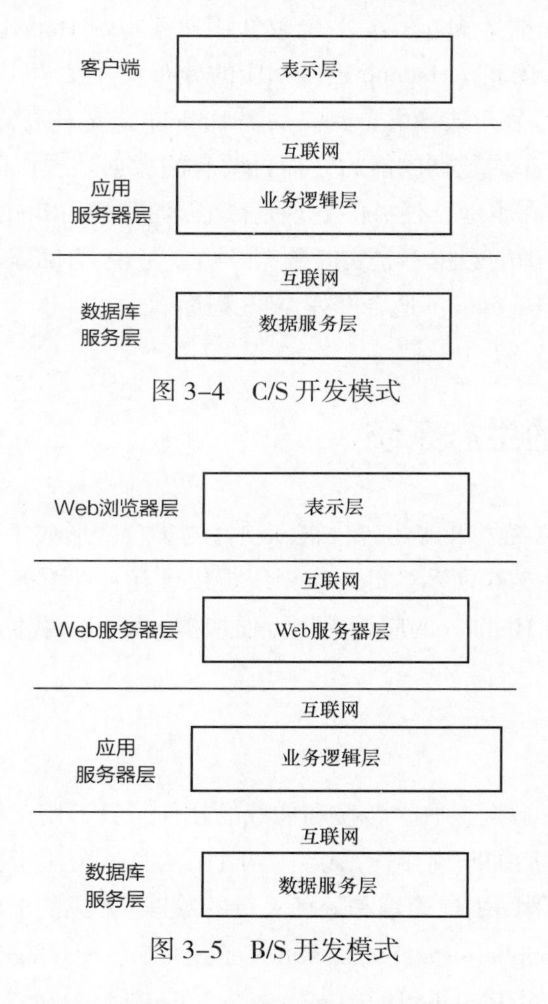

图 3–4　C/S 开发模式

图 3–5　B/S 开发模式

分布式开发技术已经成为建立应用框架和软构件的核心技术，在开发大型分布式应用系统中表现出强大的生命力，并形成了 3 项具有代表性的主流技术，一是微软公司推出的分布式构件对象模型（DCOM），即 NET 核心技术；二是 SUN 公司推出的企业 Java 组件（EJB），即 J2EE 核心技术；三是对象管理组织（OMG）推出的通用对象请求代理体系结构（CORBA）。

当然，不同的分布式系统或开发平台所在层次是不同的，实现的功能也不一样。要完成一个分布式系统有很多工作要做，如开发分布式操作系统、分布式程序设计语言及其编译/解释系统、分布式文件系统和分布式数据库系统等。因此，分布式开发就是根据用户的需要，选择特定的分布式系统或平台，然后基于这个系统或平台进一步开发或者在这个系统上进行分布式应用开发。

Hadoop 是分布式开发的一种，它实现了分布式文件系统和部分分布式数据库的功能。Hadoop 中的 HDFS 能够实现数据在计算机集群组成的云上高效地存储和管理，Hadoop 中的并行编程框架 MapReduce 能够让用户编写的 Hadoop 并行应用程序运行更加简化，使人们能够通过 Hadoop 进行相应的分布式开发。

通过 Hadoop 进行分布式开发，要先了解 Hadoop 的应用特点。Hadoop 的优势在于具有处理大规模分布式数据的能力，而且所有的数据处理作业都是批处理，所有要处理的数据都要求在本地，任务的处理是高延迟的。MapReduce 的处理过程虽然是基于流式的，但处理的数据不是实时数据，也就是说，Hadoop 在实时性数据处理上不占优势，因此，Hadoop 不适合开发 Web 程序。

3.5 Hadoop 的生态系统

目前，Hadoop 已经发展成为包含很多项目的集合，形成了一个以 Hadoop 为中心的生态系统，如图 3-6 所示。此生态系统提供了互补性服务，并在核心层上提供了更高层的服务，使 Hadoop 的应用更加方便快捷。下面，我们介绍 Hadoop 生态中的各个组件。

1. ETL

ETL 工具是用于数据提取、转换和加载的软件工具，用于将数据从源系统提取出来，将其经过转换后加载到目标系统中。ETL 工具通常用于数据仓库、数据集成和数据转换等场景，帮助用户管理和处理大量的数据。常见的 ETL 工具有 Informatica PowerCenter、IBM InfoSphere DataStage、Microsoft SQL Server Integration Services（SSIS）、Talend Open Studio 以及 Pentaho Data Integration（Kettle）。

2. BI Reporting

BI Reporting（商业智能报表）是指通过使用数据分析和可视化工具，将企业的数据转化为易于理解和决策的报告和可视化图表的过程。这些报表提供了对企业关键指标、趋势和业务洞察的全面视图，帮助管理层和利益相关者做出基于数据的决策。一些常见的商业智能报表工具有 Tableau、Power BI、QlikView/Qlik Sense 以及 SAP BusinessObjects。

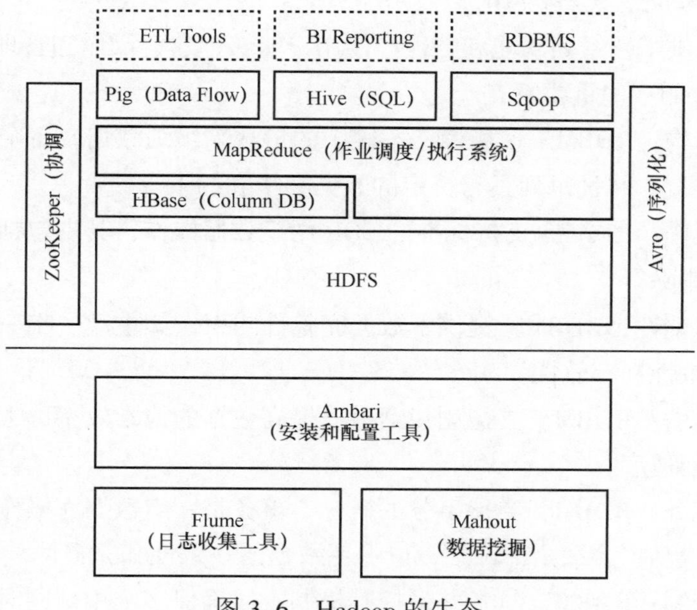

图 3-6 Hadoop 的生态

商业智能报表通常具有以下特点和功能。

① 数据提取和整合：商业智能报表通过从不同的数据源中提取数据，并进行清洗、整合和转换，将数据整合为一致的格式和结构，以便进行后续的分析和报告。

② 数据分析和计算：商业智能报表能够对数据进行各种分析和计算操作，如聚合、计算指标、趋势分析、比较等，以便从数据中提取有意义的信息。

③ 可视化和报告设计：商业智能报表提供丰富的可视化组件和报告设计工具，使用户能够创建各种类型的图表、表格、仪表盘和报告布局，以直观、立体化方式呈现数据。

④ 交互和导航：商业智能报表通常支持用户的交互和导航操作，例如钻取和切片，使用户能够探索数据并深入了解特定维度或层次的详细信息。

⑤ 定制和自助服务：商业智能报表提供定制化的功能，允许用户根据自己的需求和偏好进行报表的设计和布局。同时，它还支持自助服务，使非技术用户也能够创建和定制自己的报表。

3. RDBMS

RDBMS（关系数据库管理系统）是一种用于管理和操作关系数据库的软件系统。

关系数据库是以表格（表）的形式组织和存储数据的数据库，其中数据之间的关系通过键和外键进行连接和管理。一些常见的 RDBMS 有 Oracle Database、MySQL、Microsoft SQL Server、PostgreSQL 以及 IBM DB2。

RDBMS 提供了一系列功能和特性，使用户能够创建、操作和管理关系数据库。以下是 RDBMS 的一些重要特点。

① 数据结构：RDBMS 使用表格（表）的形式来组织数据，每个表包含行（记录）和列（字段），并且每列具有特定的数据类型和约束。

② 数据操作：RDBMS 支持标准的 SQL 用于数据操作，其中包括数据的插入、查询、更新和删除等。

③ 数据完整性：RDBMS 提供了数据完整性约束，如主键、唯一键和外键，以确保数据的一致性和有效性。

④ 数据索引：RDBMS 支持创建索引以提高数据的检索效率，索引可以加快对表中数据的访问速度。

⑤ 数据事务：RDBMS 支持事务的概念，事务是一组数据库操作的逻辑单元，要么全部执行成功，要么全部回滚，以保持数据的一致性和完整性。

⑥ 并发控制：RDBMS 具备并发控制机制，以确保多个用户同时对数据库进行操作时的数据一致性和隔离性。

⑦ 数据备份和恢复：RDBMS 提供了数据备份和恢复的机制，可以定期备份数据库，以便在数据丢失或损坏时进行恢复。

4. Pig

Pig 是一个用于大数据处理的高级脚本语言和平台，它是 Apache 软件基金会的开源项目之一。Pig 的目标是简化复杂的数据操作，并提供一种简洁的编程接口，使开发人员能够轻松地在大数据集上执行各种数据转换和分析任务。

以下是 Pig 的一些主要特点和功能。

① 数据流语言：Pig 使用一种称为 Pig Latin 的脚本语言，它基于数据流模型，允许用户以类似于 SQL 的声明式语法表达数据操作。通过编写 Pig Latin 脚本，用户可以定义数据的输入、输出和转换操作。

② 执行引擎：Pig 提供了一个执行引擎，它可以将 Pig Latin 脚本转换为适用于 Apache Hadoop 的 MapReduce 作业。这样，Pig 可以直接在 Hadoop 集群上运行，利用 Hadoop 的分布式计算能力来处理大规模数据集。

③ 数据处理操作：Pig 提供了丰富的数据处理操作，如过滤、映射、聚合、排序、连接等。这些操作可以通过简单的 Pig Latin 语法进行组合和链式操作，以实现复杂的数据转换和分析任务。

④ 用户定义函数（UDF）：Pig 允许用户编写自定义函数来处理特定的数据操作或应用程序需求。用户可以使用 Java、Python 等语言编写自己的 UDF，并在 Pig 脚本中调用这些函数。

⑤ 扩展性和可嵌入性：Pig 具有良好的可扩展性，允许开发人员扩展其功能和操作。此外，Pig 还可以与其他大数据工具和平台（如 Hive、HBase）集成，以满足技术人员更广泛的数据处理需求。

5. Hive

Hive 是基于平面文件构建的分布式数据仓库，擅长数据展示，由 Facebook 贡献。Hive 管理存储在 HDFS 中的数据，提供了基于 SQL 的查询语言——HQL（Hibernate 查询语言），用于查询数据。Hive 和 Pig 都是建立在 Hadoop 基本架构之上的，可以用来从数据库中提取信息，交给 Hadoop 处理。

以下是 Hive 的一些主要特点和功能。

① SQL 类语法：Hive 使用 HQL 作为用户接口，这使得熟悉 SQL 的开发人员能够快速上手并执行数据查询和转换操作。HQL 支持常见的 SQL 操作，如 Select、Join、Group By 等。

② 元数据存储：Hive 使用元数据存储来管理数据表和分区的元数据信息。这些元数据存储在关系数据库（如 MySQL）中，用户可以轻松地定义和管理数据模式。

③ 数据格式和存储：Hive 支持多种数据格式，如文本、序列化文件、Parquet、ORC 等。用户可以根据数据特点选择合适的数据格式，并通过表的定义指定数据的存储位置。

④ 执行引擎：Hive 将 HQL 查询转换为适用于 Hadoop 的 MapReduce 作业，利用 Hadoop 的分布式计算能力来执行查询。然而，Hive 也支持其他执行引擎，如 Apache Tez 和 Apache Spark，以提供更高的性能和交互性。

⑤ 用户自定义函数（UDF）：Hive 允许用户编写自定义函数来扩展其功能。用户可以使用 Java、Python 等语言编写自己的 UDF，并在 HQL 查询中调用这些函数。

⑥ 数据集成：Hive 可以与其他 Hadoop 生态系统工具和平台如 HBase、Spark、Pig 等集成。这样，用户可以在 Hive 中利用多种工具和技术进行数据处理和分析。

6. Sqoop

Sqoop 是一个用于在 Apache Hadoop 和关系数据库之间进行数据传输的工具。它允许用户将结构化数据（如表、视图）从关系数据库（如 MySQL、Oracle、SQL Server 等）导入 Hadoop 生态系统中的 HDFS 或 Hive 中，并且还可以将数据从 Hadoop 导出到关系数据库中。

以下是 Sqoop 的一些主要特点和功能。

① 数据导入和导出：Sqoop 支持将数据从关系数据库导入 Hadoop 生态系统中，如 HDFS 和 Hive。它可以将整张表或特定查询的结果导入 Hadoop 中，以便进行进一步的分析和处理。同时，Sqoop 还支持将数据从 Hadoop 导出到关系数据库中。

② 自动映射：Sqoop 能够自动解析关系数据库中的表结构，并将其映射到 Hadoop 中的数据结构。这样，用户不需要手动定义数据模式或映射关系，Sqoop 会根据数据库的元数据自动完成这些任务。

③ 并行导入和导出：Sqoop 可以并行地将数据导入或导出到 Hadoop 中，以提高数据传输的效率。它可以将数据分割成多个数据块，并利用 Hadoop 集群的并行处理能力来加速数据传输过程。

④ 增量导入：Sqoop 支持增量导入数据，即仅导入源数据库中新增或更新的数据。这对于定期更新数据非常有用，可以避免重复导入和处理不必要的数据。

⑤ 数据转换：Sqoop 可以根据用户的需求进行数据转换和格式化。它支持指定数据的分隔符、字符编码、日期格式等参数，以便在导入和导出过程中进行数据处理和转换。

⑥ 安全性和认证：Sqoop 提供安全性功能，可以通过 Kerberos 认证和 ACL 来保护数据传输过程和数据的访问权限。

7. HBase

HBase 是类似于 Google BigTable 的分布式列数据库（Column DB）。HBase 支持 MapReduce 的并行计算和点查询（即随机读取）。HBase 是基于 Java 的产品，与其对应的基于 C++的开源项目是 Hypertable。

以下是 HBase 的一些主要特点和功能。

① 列式存储：HBase 使用列式存储模型，将数据按列族和列的形式进行组织和存储。这种存储方式使其可以高效地读取和写入特定列的数据，适用于需要快速随机访问的工作负载。

② 高可扩展性：HBase 可以在大规模集群上进行水平扩展，通过增加更多的节点来增加存储容量和提高处理能力。它能够处理海量数据，并支持高并发的读/写操作。

③ 强一致性：HBase 提供强一致性的数据访问模型。它使用分布式协调服务（如 Apache ZooKeeper）来实现数据的一致性和元数据管理，以保证数据的正确性和可靠性。

④ 快速读/写：HBase 具有高性能的读/写能力。它使用内存缓存（如块缓存和行缓存）来加速读取操作，并支持批量写入操作以提高写入性能。

⑤ 自动分区和负载均衡：HBase 自动对数据进行分区，并将数据均匀分布在集

群中的不同节点上。它还具有自动的负载均衡机制，根据节点的负载情况自动迁移和平衡数据。

⑥ 安全性和权限控制：HBase 提供了安全性功能，如身份验证、访问控制和数据加密等。它可以集成到企业级安全解决方案中，以保护数据的机密性和完整性。

8. Avro

Avro 是一种数据序列化系统，旨在支持大规模数据处理。它是 Apache 软件基金会的一个开源项目，是 Hadoop 生态系统的一部分。Avro 提供了一种与语言无关、跨平台的数据序列化格式，可以用于数据存储、数据交换和远程过程调用等场景。

以下是 Avro 的一些主要特点和功能。

① 数据序列化：Avro 可以将数据序列化为二进制格式，以便在网络上传输或持久化存储。它使用一种紧凑的二进制编码格式，使得序列化后的数据更加紧凑，减少存储和传输的开销。

② 动态数据类型：Avro 支持动态数据类型，可以在运行时定义和修改数据模式。这使得 Avro 非常适合处理动态数据结构和模式演化的场景。Avro 使用 JSON 格式定义数据模式，可以轻松地进行模式的版本管理和演化。

③ 跨语言支持：Avro 提供了对多种编程语言，如 Java、C、C++、Python、Ruby 等的支持。这意味着使用不同编程语言的应用程序可以相互交换和处理 Avro 序列化的数据，实现跨语言的数据交互。

④ 数据压缩：Avro 支持数据的压缩，以减少数据的存储空间和网络传输的带宽消耗。它提供了多种压缩算法的支持，如 Snappy、Deflate、bzip2 等。

⑤ Schema Evolution：Avro 允许数据模式的演化和升级，而不会破坏现有数据的兼容性。它支持向前兼容和向后兼容的模式更改，使得数据结构的演化变得简单和灵活。

⑥ 集成 Hadoop 生态系统：Avro 与 Hadoop 生态系统的其他组件如 HDFS、MapReduce、Hive 等紧密集成。Avro 可以作为 Hadoop 中数据的序列化格式，用于数据存储和数据处理。

9. ZooKeeper

ZooKeeper 是一个开源的分布式协调服务，由 Apache 软件基金会开发和维护。它旨在解决分布式系统中的协调和同步问题，并提供高可用性和可靠性。

以下是 ZooKeeper 的一些主要特点和功能。

① 分布式协调：ZooKeeper 提供了一组简单的原语（如节点创建、写入数据、监听等），用于实现分布式系统中的协调和同步操作。通过 ZooKeeper，应用程序可

以实现分布式锁、分布式队列、领导者选举等功能。

② 高可用性：ZooKeeper 使用多节点的集群架构，通过数据的复制和容错机制实现高可用性。当其中一个节点出现故障时，其他节点可以接管服务，从而保证系统的可用性和稳定性。

③ 数据一致性：ZooKeeper 提供强一致性的数据模型。所有写入操作都会被顺序地复制到所有的节点，并且读取操作能够读取到最新的数据。这样可以保证分布式系统中的数据一致性。

④ 容量和性能：ZooKeeper 被设计为高性能和低时延的服务。它使用内存中的数据结构来提供快速的读/写操作，并且可以通过增加节点来水平扩展其容量和吞吐量。

⑤ 顺序一致性：ZooKeeper 能够为写入操作分配一个全局唯一的递增序列号，并确保这个序列号被应用于所有的写入请求。这使得写入操作可以根据这些序列号确定的顺序进行处理，从而实现顺序一致性。

⑥ Watch 机制：ZooKeeper 提供了 Watch 机制，允许应用程序对数据节点的变化进行监听。当节点的状态发生变化时，ZooKeeper 会通知相关的监听器，从而实现分布式系统中的事件通知和触发机制。

10. Ambari

Ambari 是一个开源的 Apache 项目，用于管理、监控和配置 Apache Hadoop 集群。它提供了一个直观的 Web 界面，使得用户可以轻松地管理 Hadoop 集群的各个方面，如安装、配置、监控、故障排除和升级等。

以下是 Ambari 的一些主要特点和功能。

① 集群管理：Ambari 允许用户通过 Web 界面轻松管理 Hadoop 集群。它提供了集群配置、服务管理、主机管理等功能，使得用户可以方便地添加、删除和管理集群的各个组件和节点。

② 自动化安装和配置：Ambari 提供了自动化的安装和配置功能，可以根据用户的需求自动安装和配置 Hadoop 集群的各个组件，如 HDFS、YARN、Hive、HBase 等。这使得集群的部署过程更加简化和快速。

③ 监控和警报：Ambari 提供了实时的集群监控和警报功能，用户可以通过 Web 界面查看集群的状态、性能指标、日志等信息。它还支持自定义警报规则，可以在特定条件下触发警报，方便用户及时发现和解决问题。

④ 用户权限管理：Ambari 支持对集群的用户权限管理。管理员可创建和管理用户，分配不同的角色和权限，以控制用户对集群的访问和操作。

⑤ 插件扩展：Ambari 具有可扩展性，支持插件机制。用户可以通过编写自定义插件来扩展 Ambari 的功能，从而满足特定的需求和集群配置。

⑥ 升级和维护：Ambari 提供了集群的升级和维护功能。它可以检测集群中的组件版本，并提供升级路径和过程。此外，Ambari 还支持滚动升级，即在不中断服务的情况下逐步升级集群组件。

11. Flume

Flume 是 Cloudera 提供的一个高可用、高可靠、分布式的海量日志采集、聚合和传输的系统。Flume 支持在日志系统中定制各类数据发送方，用于收集数据；同时，Flume 提供对数据进行简单处理，并写到各种数据接收方（可定制）的能力。

以下是 Flume 的几个特性。

① 支持多数据源。Flume 支持多种数据源，如本地文件系统、远程机器、Syslog、JMS、Avro 等，可以满足不同场景下的数据采集需求。

② 支持多通道。Flume 支持多通道，可以同时传输不同类型的数据到不同的数据目标，可以灵活地配置数据流的路径。

③ 支持多数据目标。Flume 支持多种数据目标，如 Hadoop、HBase、ElasticSearch、Kafka、Logstash 等，可以将数据传输到不同的数据存储和处理系统中。

④ 可靠性。Flume 采用事务机制和失败重试机制，可以确保数据传输的可靠性和数据的完整性。

⑤ 可扩展性。Flume 的架构是分布式的，可以很容易地扩展到多个节点，以处理大量的数据流。

⑥ 高效性。Flume 使用基于事件驱动的架构，可以处理大量的数据流，并支持异步传输，从而提高数据传输的效率。

⑦ 安全性。Flume 支持数据加密和认证，可以保障数据传输的安全性。

⑧ 易用性。Flume 具有简单易用的命令行界面和 Web 界面，可以方便地进行配置和管理。

⑨ 支持插件。Flume 支持自定义插件，用户可以根据不同的需求进行定制和扩展。

12. Mahout

Mahout 是机器学习和数据挖掘的一个分布式框架，区别于其他的开源数据挖掘软件，它是基于 Hadoop 的。因为 Mahout 用 MapReduce 实现了部分数据挖掘算法，解决了并行挖掘的问题，所以 Hadoop 的优势就是 Mahout 的优势。

Mahout 的主要特点和功能如下。

① 可扩展性。Mahout 设计是可扩展的，可以处理大规模的数据集。它利用分布式计算框架（如 Hadoop 和 Spark）来并行化计算，以提高算法的性能和效率。

② 分布式处理。Mahout 充分利用分布式计算框架的优势，可以在分布式环境中

运行机器学习算法。这使得 Mahout 能够处理分布式存储和处理大规模数据集，并实现分布式的模型训练和预测推断。

③ 支持多种算法。Mahout 提供了丰富的机器学习算法库，如分类算法（朴素贝叶斯、支持向量机）、聚类算法（K 均值、谱聚类）、推荐算法（协同过滤）、降维算法（主成分分析）、关联分析算法（Apriori）等。

④ 可定制性和扩展性。Mahout 提供了可定制和扩展的接口，使得用户可以根据自己的需求实现自定义的算法或对现有算法进行扩展。这使得 Mahout 具有灵活性，能够满足不同场景下的特定需求。

⑤ 整合其他工具和库。Mahout 与其他大数据处理和分析工具如 Hadoop、Spark、Hive 等紧密集成。这样，用户可以利用这些工具和库的优势，构建完整的大数据分析和智能应用解决方案。

习　题

1．简述什么是 Hadoop，并列举 Hadoop 的核心组件。
2．Hadoop 的优势是什么？
3．Hadoop 2.x 与 Hadoop 3.x 的区别是什么？

第 4 章 HDFS 分布式文件系统和 ZooKeeper

主要内容

HDFS 是一个分布式文件系统，而 ZooKeeper 是一个分布式协调服务。虽然它们都是 Apache Hadoop 生态系统中的一部分，但它们的作用和功能有所不同。HDFS 主要用于存储和管理大规模数据，而 ZooKeeper 主要用于协调和管理分布式系统中各个组件的状态和配置信息。本章将详细介绍 HDFS 的体系架构及特点、常用工具，以及 ZooKeeper 的概述与体系结构。

4.1 分布式文件系统

分布式文件系统（DFS）是一种用于存储和管理大规模数据的文件系统，它将数据分布在多台计算机或存储设备上，并通过网络进行通信和传输。DFS 旨在解决单台计算机存储容量有限、容易发生故障等问题，提供高可用性、可扩展性和高性能的数据存储和访问能力。

DFS 通常由一个或多个文件服务器和多个客户端组成，文件服务器负责存储和管理文件，而客户端则负责向文件服务器发送读/写请求。DFS 提供了类似于本地文件系统的接口，使得用户可以像操作本地文件一样对分布式文件进行读/写操作。

DFS 的设计目标是实现数据的可靠性和高可用性。为了实现数据的可靠性，DFS 通常采用数据冗余机制，即，将数据分布在多个节点上，并存储多个副本。当某个节点出现故障时，可以从其他节点上的副本中恢复数据。为了实现高可用性，DFS 通常采用负载均衡技术，即，将数据均匀地分布在多个节点上，并动态调整节点之间的数据负载，以确保系统的性能和可用性。

目前，常见的 DFS 包括 HDFS、GFS（Google 文件系统）、Amazon S3 等。这些 DFS 广泛应用于各种大规模数据处理场景，例如互联网搜索引擎、社交网络、日志分析等。

4.1.1 分布式文件系统的设计思路

分布式文件系统允许将文件数据分散存储在多个独立的节点上，从而提供数据冗余、容错性和可扩展性。DFS 的设计思路主要有以下几个方面。

（1）数据分布和存储

在分布式系统中，将文件和数据分散存储在多个节点上是非常重要的，这有助于提高系统的可用性和容错性。通常，分布式文件系统会将文件切分成多个块，并将这些块存储在不同的节点上，同时为了保证文件的可用性，每个块会存储多个副本。

（2）数据访问和传输

分布式文件系统需要提供类似于本地文件系统的接口，使得用户可以像操作本地文件一样对分布式文件进行读/写操作。DFS 通常采用网络传输技术，例如 TCP/IP，实现节点之间的数据传输和通信。此外，分布式文件系统还要考虑并发访问和数据一致性等问题，需要采用加锁和同步机制来保证数据的正确性。

（3）负载均衡和故障恢复

负载均衡和故障恢复是分布式文件系统中的重点。负载均衡技术可以将数据均匀地分布在多个节点上，并动态调整节点之间的数据负载，以确保系统的性能和可用性。当某个节点出现故障时，DFS 可以从其他节点的副本中恢复数据，并将新的副本分布在其他节点上，以实现高可用性和可靠性。

（4）分布式协议和算法

分布式文件系统需要使用分布式协议和算法，例如一致性哈希算法、Paxos 算法、Raft 算法等，从而实现节点之间的协调和一致性。这些算法和协议可以帮助 DFS 实现节点之间的数据同步、故障恢复、负载均衡等功能。

（5）安全性和权限管理

安全性和权限管理也是分布式文件系统中的重点。DFS 可提供访问控制、身份验证、数据加密等功能，以确保数据的安全性和隐私性。

综上所述，分布式文件系统的设计需要考虑数据分布和存储、数据访问和传输、负载均衡和故障恢复、分布式协议和算法以及安全性和权限管理等方面。这些方面可以帮助 DFS 实现高可用性、高可靠性和高性能的数据存储和访问。

4.1.2 最早的分布式文件系统

最早的分布式文件系统可以追溯到 20 世纪 80 年代，当时的研究人员开始探索如何在多台计算机上共享文件和存储资源。其中比较著名的分布式文件系统有 Andrew File System（AFS）和 Network File System（NFS）。

Andrew File System（AFS）是由卡内基梅隆大学开发的。AFS 的设计目标是实现跨多个计算机的分布式文件共享，并且允许用户从任何位置访问文件。AFS 采用了一些先进的技术，例如分布式文件命名、数据缓存、数据副本、访问控制等，以实现高性能、高可用性和高安全性的文件共享和访问。

Network File System（NFS）是由 Sun Microsystems 开发的。它是一种基于客户端/服务器架构的分布式文件系统，允许用户通过网络访问远程文件系统，并提供一些高级功能，例如文件锁定、访问控制、数据缓存等。NFS 成了 Unix 系统中最流行的分布式文件系统之一，并逐渐发展成为一个标准的网络文件系统协议。

NFS 服务器端口开在 2049，但由于文件系统非常复杂，因此 NFS 还有其他的程序启动额外的端口，这些额外的用来传输数据的端口是随机选择的，并且小于

1024 的端口号。既然端口是随机的，那么客户端又是如何知道 NFS 服务器端到底使用的是哪个端口呢？这时就需要通过远程过程调用（RPC）协议实现 RPC 服务（portmap 服务或 rpcbind 服务）。portmap 的功能就是把 RPC 程序号转化为 Internet 的端口号。

由于 NFS 启用的功能很多，所以对应的端口不固定，需要 RPC 来统一管理 NFS 端口，PRC 最主要的功能就是指定每个 NFS 功能所对应的 Port Number，并且通知客户端，让客户端可以连接到正常端口上去。

NFS 启动后，就会随机地使用一些端口，然后 NFS 会向 RPC 注册这些端口，RPC 就记录下这些端口，同时 RPC 会开启 111 端口，等待客户端 RPC 的请求。如果客户端有请求，那么服务器端的 RPC 就会将之前记录的 NFS 端口信息告知给客户端。如此，客户端就会获取 NFS 服务器端的端口信息，就会以实际端口进行数据传输了。NFS 的工作原理如图 4-1 所示。

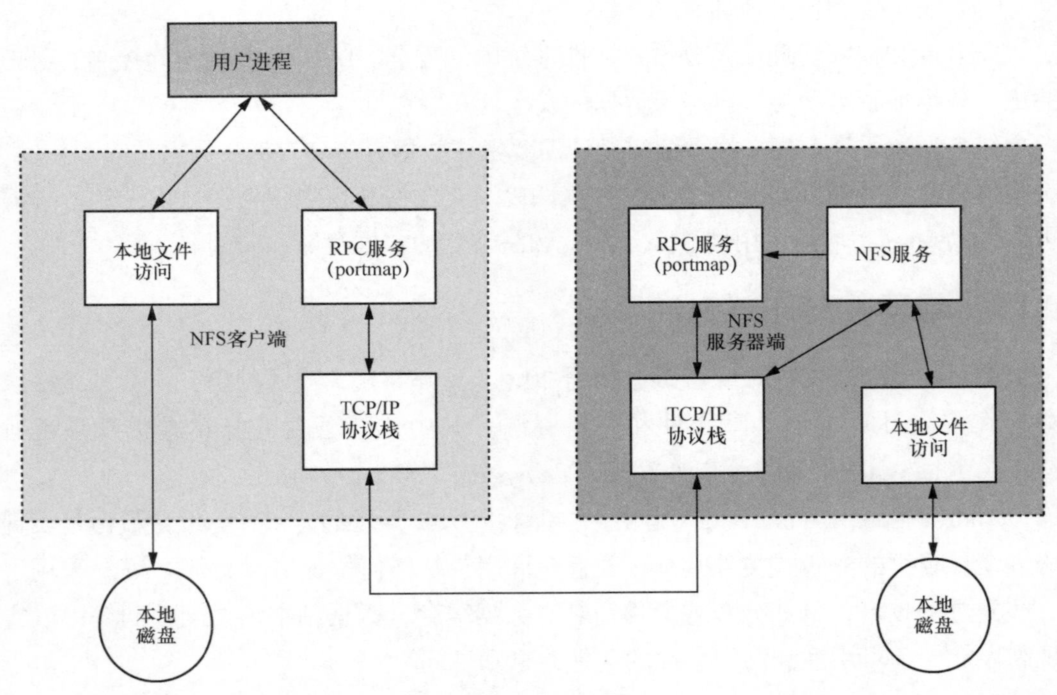

图 4-1 NFS 的工作原理

工作流程为：①首先服务器端启动 RPC 服务，并开启 111 端口；②服务器端启动 NFS 服务，并向 RPC 注册端口信息；③客户端启动 RPC 服务，向服务器端的 RPC 服务请求服务器端的 NFS 端口；④服务器端的 RPC 服务反馈 NFS 端口信息给客户端；⑤客户端通过获取的 NFS 端口来建立和服务器端的 NFS 连接并进行数据的传输。

4.1.3 大数据环境下分布式文件系统的优化思路

在大数据环境下，分布式文件系统的优化思路主要有以下几个方面。

（1）数据分片和压缩

在大数据环境下，数据量往往非常大，分布式文件系统需要将数据切分成多个小块，并将这些小块存储在不同的节点上，以实现高效的数据访问。此外，分布式文件系统还可以使用数据压缩技术来减少数据的存储空间和网络传输带宽，从而提高系统的性能和可扩展性。

（2）优化数据局部性

在大数据环境下，优化数据的局部性非常重要，这一原则关乎数据被访问的频繁程度与其物理存放位置的紧密相关性。通过有效地利用数据局部性，分布式文件系统能显著提升数据存取效率。例如，可以将数据块存储在最近的节点上，以缩短数据传输时间和减少网络带宽消耗。

（3）数据复制和备份

在大数据环境下，数据的可靠性和容错性非常重要。分布式文件系统需要使用数据复制和备份技术来保证数据的安全性和可靠性。例如，可以将数据块存储在多个节点上，并定期备份数据到远程存储设备上，以保证数据的可用性和恢复能力。

（4）缓存和预取技术

在大数据环境下，数据访问的性能和效率非常重要。分布式文件系统需要使用缓存和预取技术来优化数据访问。例如，可以使用缓存技术将经常访问的数据存储在本地节点上，以缩短网络传输和磁盘访问的时间。同时，可以使用预取技术提前将数据块加载到内存中，以减少访问时延和提高数据访问效率。

（5）负载均衡和性能监控

在大数据环境下，系统的负载情况和性能瓶颈非常容易出现。分布式文件系统需要使用负载均衡和性能监控技术来平衡系统的负载和优化系统的性能。例如，可以使用负载均衡技术将数据块分布在多个节点上，以平衡系统的负载。同时，可以使用性能监控技术实时监测系统的性能指标，以及时识别和解决性能瓶颈问题。

综上所述，在大数据环境下，分布式文件系统的优化思路主要有数据分片和压缩、数据局部性优化、数据复制和备份、缓存和预取技术以及负载均衡和性能监控等。这些优化思路可以帮助分布式文件系统实现高效、可靠、可扩展的数据存储和访问。

4.2 HDFS 的体系架构及特点

HDFS 是一个适合大规模数据存储、高可靠性、高可扩展性和高性能的分布式文件系统，由 NameNode 和 DataNode 组成，采用数据块切分和数据副本技术来实现数据的备份和容错。下面介绍 HDFS 的体系架构以及特点。

4.2.1 HDFS 的体系架构

HDFS 是 Hadoop 的核心组成之一，是分布式计算中数据存储管理的基础，被设计成适合运行在通用硬件上的分布式文件系统。HDFS 架构中有两类节点，一类是 NameNode，又叫“元数据节点”，另一类是 DataNode，又叫“数据节点”，分别执行 Master 和 Slave 的具体任务。HDFS 是一个体系结构（Master/Slave），一次写入，多次读取。HDFS 的设计思想：分而治之，即，将大文件、大批量文件分布式存放在大量独立的机器上。HDFS 的架构如图 4-2 所示。

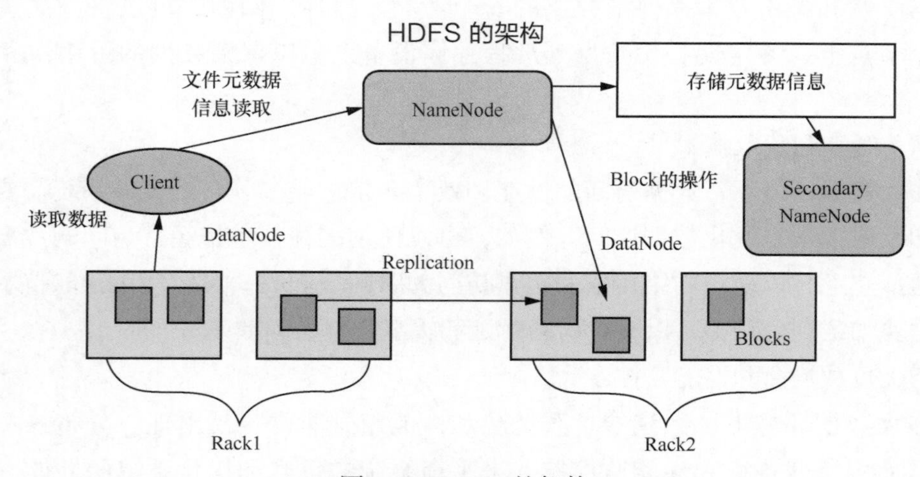

图 4-2 HDFS 的架构

HDFS 的架构主要包括以下 4 个部分。

1. NameNode

NameNode 就是 Master，它是一个主管或管理者。NameNode 上保存着 HDFS 的名字空间。对于任何对文件系统元数据产生修改的操作，NameNode 都会使用一种称为 EditLog 的事务日志将其记录下来。例如，在 HDFS 中创建一个文件，NameNode 就会在 EditLog 中插入一条记录来表示；同样，修改文件的副本系数也将向 EditLog 插入一条记录。NameNode 在本地操作系统的文件系统中存储这个 EditLog。整个文件系统的名字空间，包括数据块到文件的映射、文件的属性等，都存储在一个称为 FsImage 的文件中，这个文件也是放在 NameNode 所在的本地文件系统上。

NameNode 在内存中保存着整个文件系统的名字空间和文件数据块映射的映像。这个关键的元数据结构设计得很紧凑，因而一个有 4G 内存的 NameNode 足够支撑大量的文件和目录。当 NameNode 启动时，它从硬盘中读取 EditLog 和 FsImage，将所有 EditLog 中的事务作用在内存中的 FsImage 上，并将这个新版本的 FsImage 从内存中保存到本地磁盘上，然后删除旧的 EditLog，因为这个旧的 EditLog 的事务都已经作用在 FsImage 上了。这个过程称为一个检查点。

2. Secondary NameNode

Secondary NameNode 并非 NameNode 的热备，当 NameNode 挂掉的时候，它并不能马上替换 NameNode 并提供服务。Secondary NameNode 负责辅助 NameNode，分担其工作量；定期合并 FsImage 和 EditLog，并推送给 NameNode；在紧急情况下，可辅助 NameNode 使其恢复。

Secondary NameNode 定期从 NameNode 中获取元数据信息和日志文件，进行合并和压缩，生成新的元数据镜像文件并发送给 NameNode。由于 Secondary NameNode 并不直接参与文件系统的运行，因此它不是系统的单点故障。

3. DataNode

DataNode 就是 Slave。NameNode 下达命令，DataNode 执行实际的操作。DataNode 将 HDFS 数据以文件的形式存储在本地的文件系统中，它并不知道有关 HDFS 文件的信息。它把每个 HDFS 数据块存储在本地文件系统的一个单独的文件中。DataNode 并不在同一个目录创建所有的文件，实际上，它用试探的方法来确定每个目录的最佳文件数目，并且在适当的时候创建子目录。在同一个目录中创建所有的本地文件并不是最优的选择，这是因为本地文件系统可能无法高效地在单个目录中支持大量的文件。

当一个 DataNode 启动时，它会扫描本地文件系统，产生一个这些本地文件对应的所有 HDFS 数据块的列表，然后将其作为报告发送到 NameNode，这个报告就是块状态报告。

4. Client

Client 是文件系统的用户，可以通过应用程序或命令行工具（如 Hadoop FS Shell）

与 HDFS 进行交互，访问和操作文件系统中的数据。Client 向 NameNode 和 DataNode 发送请求，读/写文件数据，并接收处理结果。

在 HDFS 中，数据块切分和数据副本是实现数据备份和容错的基本手段。数据块切分是将大文件切分成多个小块，每个数据块的大小通常为 128MB 或 256MB。数据副本是将同一数据块存储在多个 DataNode 上，以实现数据的备份和容错。在默认情况下，HDFS 将每个数据块存储在 3 个不同的 DataNode 上，以保证数据的可靠性和可用性。

综上所述，HDFS 的架构组成包括 NameNode、DataNode、Secondary NameNode 和 Client。其中，NameNode 和 DataNode 是 HDFS 的核心组件；Secondary NameNode 用于辅助处理元数据信息和备份；Client 是文件系统的用户，用于访问和操作文件系统中的数据。

4.2.2 HDFS 的特点

HDFS 是一个适合大规模数据存储、高可靠性、高可扩展性和高性能的分布式文件系统。以下是 HDFS 的主要特点。

（1）分布式存储

HDFS 采用分布式架构，将文件划分为数据块，并在多个 DataNode 上存储这些数据块。每个数据块通常是 128MB 或 256MB。由于数据块被分散到多个 DataNode 上，因此 HDFS 能够轻松扩展存储容量和数据吞吐量。

（2）数据块切分和数据副本

为了提高数据的可靠性和可用性，HDFS 将大文件切分成多个小块进行存储。每个数据块通常是 128MB 或 256MB。此外，HDFS 将每个数据块存储在多个 DataNode 上，以保证数据的备份和容错。在默认情况下，HDFS 将每个数据块存储在 3 个不同的 DataNode 上。这意味着，即使其中一个节点失效，HDFS 仍然可以从其他节点检索丢失的数据。

（3）高可靠性和容错性

HDFS 提供了高可靠性和容错性来确保数据的安全。每个数据块都有多个副本存储在不同的 DataNode 上。如果其中一个 DataNode 死机，HDFS 可以从其他副本的节点中检索数据。此外，HDFS 还支持快速恢复数据块和自动故障转移等机制，以保证系统的高可靠性和容错性。

（4）高可扩展性

HDFS 可以通过添加更多的 DataNode 来扩展存储容量和数据吞吐量。HDFS 支持动态添加和删除节点的功能，以提高系统的可扩展性和灵活性。这使得 HDFS 能够支持不断增长的数据量和满足用户的需求。

（5）适合大数据处理

HDFS 是 Hadoop 生态系统中的一个重要组件，能够与其他组件（如 MapReduce、

Hive、Pig 等）结合使用，以实现大数据的处理和分析。HDFS 提供了高性能的文件系统服务，支持高并发读/写和数据流式处理，适合大规模数据的存储和处理。

4.3　HDFS 的完整性

HDFS 的完整性可确保数据在传输和存储过程中的完整性和正确性。其中，校验和与运行后台进程来检测数据块是两种主要的机制，用于确保数据的完整性。除了这两种机制，还有数据块的多副本存储、故障检测和自动故障转移、访问控制和数据备份及恢复来保证 HDFS 数据的完整性和准确性。

4.3.1　校验和

校验和是一种用于检测数据传输和存储过程中数据完整性的技术。在计算校验和时，我们将数据块中的每个字节都作为一个数字进行处理，并将这些数字加起来，得到一个校验和值。校验和值通常很小，在 HDFS 中，校验和值通常为 32 位或 64 位的整数。

在数据传输和存储过程中，发送方会计算数据块的校验和，并将其与数据一起发送给接收方。接收方会再次计算数据块的校验和，并将其与发送方计算的校验和进行比较。如果两个校验和不相等，说明数据在传输或存储过程中出现了错误，可能是数据被篡改或损坏。在这种情况下，接收方会拒绝接收数据，要求重新发送数据或进行其他纠错处理。

在 HDFS 中，校验和是确保数据块完整性和正确性的重要机制之一。在数据块被写入 HDFS 时，HDFS 会计算数据块的校验和，并将其存储在数据块的元数据中。当需要读取数据块时，HDFS 会再次计算数据块的校验和，并将其与存储的校验和进行比较，以确保数据块在传输和存储过程中没有损坏或被篡改。

需要注意的是，校验和并不能完全保证数据的完整性和正确性。在某些情况下，数据仍然可能被篡改或损坏，例如数据在传输或存储之前就已经被篡改，或者在计算校验和时发生了错误。因此，校验和通常需要与其他机制一起使用，例如数据块复制、数据块扫描器和访问控制等，以提高数据的可靠性和完整性。

4.3.2　运行后台进程来检测数据块

在 HDFS 中，数据块扫描器是一种后台进程，用于定期检查数据块的完整性和正确性，以确保数据的可靠性。具体来说，数据块扫描器会执行以下任务。

（1）定期扫描数据块

数据块扫描器会定期扫描存储在 DataNode 上的数据块，计算数据块的校验和并与存储的校验和进行比较，以确保数据块的完整性。

（2）检查数据块副本

数据块扫描器会检查数据块的每个副本，并计算副本的校验和。如果发现某个副本的校验和与其他副本不匹配，数据块扫描器会将其标记为“损坏”，并将该副本从 HDFS 中删除。

（3）修复损坏的数据块

如果数据块扫描器检测到某个数据块的所有副本都已损坏或丢失，它会尝试从其他 DataNode 上的副本中复制该数据块，并将其存储到当前 DataNode 上，以修复损坏的数据块。

数据块扫描器的工作可以通过配置文件进行配置，以控制扫描的时间间隔和其他参数。例如，在 hdfs-site.xml 文件中，可以配置以下参数来调整数据块扫描器的工作方式：

```
dfs.block.scanner.volume.bytes.per.second
dfs.block.scanner.volume.bytes.per.checksum
dfs.block.scanner.volume.bytes.per.second
dfs.block.scanner.volume.bytes.per.checksum
dfs.block.scanner.volume.checksum.type
dfs.block.scanner.volume.validate.timeout.ms
```

dfs.block.scanner.volume.bytes.per.second 和 dfs.block.scanner.volume.bytes.per.checksum 参数用于控制数据块扫描器的吞吐量；dfs.block.scanner.volume. checksum.type 参数用于配置数据块的校验和类型；dfs.block.scanner. volume.validate. timeout.ms 参数用于配置数据块扫描器的超时时间。

需要注意的是，数据块扫描器是 HDFS 的一个重要组件，它可以检测和修复损坏的数据块，提高数据的可靠性和完整性。但是，数据块扫描器的工作会占用一定的系统资源，对系统性能产生一定的影响。因此，在配置数据块扫描器时，需要平衡系统性能和数据可靠性之间的关系，根据实际情况进行调整。

校验和与数据块扫描器可以结合使用，以提高数据的可靠性和完整性。校验和机制可以快速检测数据块是否损坏或被篡改，数据块扫描器则可以检测和修复损坏的数据块，确保数据在传输和存储过程中没有损坏或被篡改。同时，数据块扫描器也可以通过定期检查数据块的完整性和正确性，及时发现和解决数据块的损坏和丢失问题。

4.4 HDFS 数据的读/写流程

HDFS 数据的读/写流程可以细分为写入流程和读取流程两个部分。

1. 写入流程

HDFS 的写入流程的步骤如下。

① Client 发起文件上传请求，通过 RPC 与 NameNode 建立通信，NameNode 检查目标文件是否已存在，父目录是否存在，返回结果是否可以上传。

② Client 请求第一个 block 应该存储到哪些 DataNode 服务器上。

③ NameNode 根据配置文件中指定的备份数量及副本放置策略进行文件分配，返回可用的 DataNode 的地址，如 A、B、C。

④ Client 请求 3 台 DataNode 中的一台 A 上传数据（本质上是一个 RPC，建立 pipeline），A 收到请求会继续调用 B，然后 B 调用 C，从而建立整个 pipeline，然后逐级返回给 Client。

⑤ Client 开始往 A 上传第一个 block（先从磁盘读取数据放到一个本地内存缓存），以 packet 为单位（默认 64KB），A 收到一个 packet 就会传给 B，B 传给 C；A 每传一个 packet，会将其放入一个应答队列等待应答。

⑥ 数据被分割成一个个 packet 在 pipeline 上依次传输，在 pipeline 的反方向上，逐个发送 ack（ack 应答机制），最终由 pipeline 中的第一个 DataNode A 将 pipeline ack 发送给 Client。

⑦ 当一个 block 传输完成之后，Client 再次请求 NameNode 上传第二个 block 到服务器。

HDFS 的写入流程如图 4-3 所示。

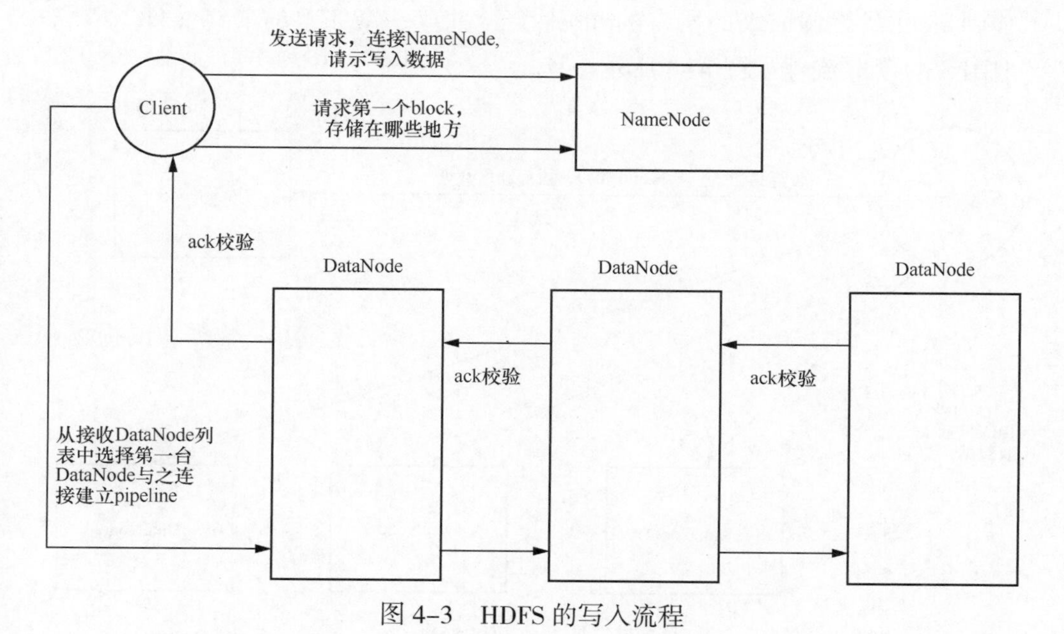

图 4-3　HDFS 的写入流程

2. 读取流程

HDFS 的读取流程的步骤如下。

① Client 向 NameNode 发起 RPC 请求，以确定请求文件 block 所在的位置。

② NameNode 会视情况返回文件的部分或者全部 block 列表，对于每个 block，NameNode 都会返回含有该 block 副本的 DataNode 地址。

③ 这些返回的 DataNode 地址，会按照集群拓扑结构得出 DataNode 与 Client 的距离，然后进行排序，排序有两个规则：网络拓扑结构中距离 Client 近的排序靠前；心跳机制中超时汇报的 DataNode 状态为 Stale，这样的排序靠后。

④ Client 选取排序靠前的 DataNode 来读取 block，如果 Client 本身就是 DataNode，那么将从本地直接获取数据；底层本质是建立 Socket Stream（FSDataInputStream），重复地调用父类 DataInputStream 的 read 方法，直到这个块上的数据读取完毕。

⑤ 当读完列表的 block 后，文件读取还没有结束，Client 会继续向 NameNode 获取下一批的 block 列表。

⑥ Client 读取完一个 block 都会进行 checksum 验证，如果读取 DataNode 时出现错误，Client 会通知 NameNode，然后再从下一个拥有该 block 副本的 DataNode 继续读取。

⑦ read 方法是并行地读取 block 信息，不是一块一块地读取；NameNode 只是返回 Client 请求包含块的 DataNode 地址，并不是返回请求块的数据。

⑧ Client 最终读取来的所有的 block 会合并成一个完整的最终文件。

HDFS 的读取流程如图 4-4 所示。

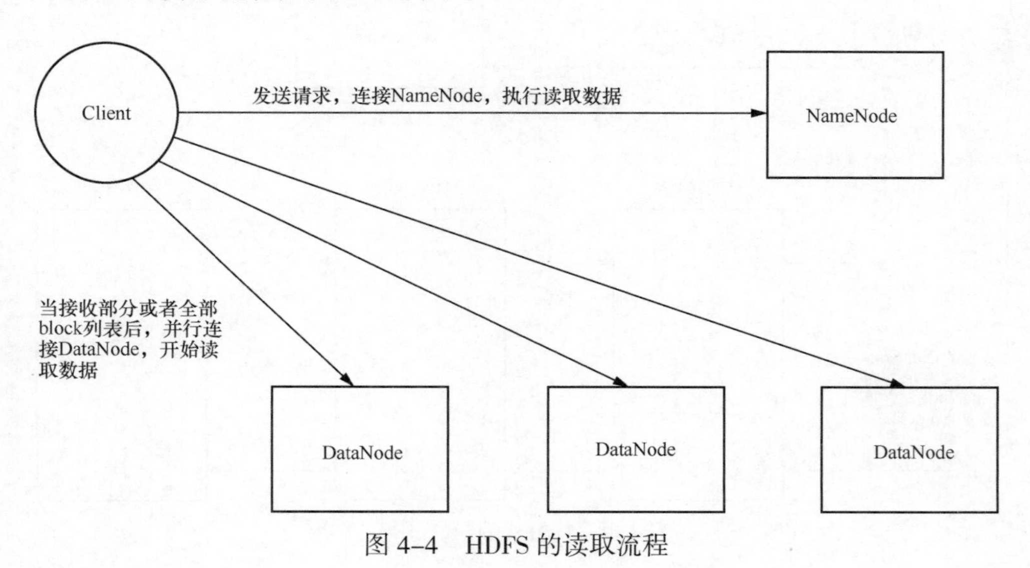

图 4-4 HDFS 的读取流程

4.5　HDFS 的常用工具

HDFS 的两个比较常用的工具是多任务工具 DFSAdmin 和文件系统 Shell 命令。下面简单介绍 FsShell 和 DFSAdmin。

4.5.1　FsShell 实现

FsShell 是 Hadoop 自带的一个命令行工具，用于管理和操作 HDFS。它是一个相对于 Hadoop fs 更高层次的命令行工具，提供了一些常用的文件和目录操作命令，同时也支持一些高级功能。

以下是 FsShell 的一些常用命令。

```
ls：列出指定目录下的所有文件和子目录。
mkdir：创建一个新的目录。
rm：删除指定的文件或目录。
mv：移动或重命名指定的文件或目录。
cp：复制指定的文件或目录。
chmod：修改指定文件或目录的权限。
cat：显示指定文件的内容。
get：从 HDFS 中下载指定的文件。
put：将本地文件上传到 HDFS 中。
du：显示指定目录或文件的磁盘使用情况。
```

除了这些基本的命令外，FsShell 还支持一些高级功能，如下。

```
find：查找指定目录下的文件，并可以按照文件名、大小、时间等条件进行筛选。
setrep：设置指定文件的副本数。
count：统计指定目录下的文件个数、总大小和平均大小等信息。
tail：显示指定文件的末尾内容。
touchz：创建一个空文件。
```

Hadoop 文件系统 Shell 命令可以执行其他文件系统中常见的操作，如读取文件、移动文件、创建目录、删除数据等。在终端上可以通过下面命令，获得 Shell 命令的详细帮助信息。

```
[hdfs@cent-2  ~]$ hadoop fs -help
Usage: hadoop fs [generic options]
        [-appendToFile <localsrc> ... <dst>]
        [-cat [-ignoreCrc] <src> ...]
        [-checksum <src> ...]
        [-chgrp [-R] GROUP PATH...]
        [-chmod [-R] <MODE[,MODE]... | OCTALMODE> PATH...]
        [-chown [-R] [OWNER][:[GROUP]] PATH...]
        [-copyFromLocal [-f] [-p] [-l] <localsrc> ... <dst>]
```

```
[-copyToLocal [-p] [-ignoreCrc] [-crc] <src> ... <localdst>]
[-count [-q] [-h] <path> ...]
[-cp [-f] [-p | -p[topax]] <src> ... <dst>]
[-createSnapshot <snapshotDir> [<snapshotName>]]
[-deleteSnapshot <snapshotDir> <snapshotName>]
[-df [-h] [<path> ...]]
[-du [-s] [-h] <path> ...]
[-expunge]
[-get [-p] [-ignoreCrc] [-crc] <src> ... <localdst>]
[-getfacl [-R] <path>]
[-getfattr [-R] {-n name | -d} [-e en] <path>]
[-getmerge [-nl] <src> <localdst>]
[-help [cmd ...]]
[-ls [-d] [-h] [-R] [<path> ...]]
[-mkdir [-p] <path> ...]
[-moveFromLocal <localsrc> ... <dst>]
[-moveToLocal <src> <localdst>]
[-mv <src> ... <dst>]
[-put [-f] [-p] [-l] <localsrc> ... <dst>]
[-renameSnapshot <snapshotDir> <oldName> <newName>]
[-rm [-f] [-r|-R] [-skipTrash] <src> ...]
[-rmdir [--ignore-fail-on-non-empty] <dir> ...]
[-setfacl[-R][{-b|-k}{-m|-x <acl_spec>}<path>]|[--set <acl_spec> <path>]]
[-setfattr {-n name [-v value] | -x name} <path>]
[-setrep [-R] [-w] <rep> <path> ...]
[-stat [format] <path> ...]
[-tail [-f] <file>]
[-test -[defsz] <path>]
[-text [-ignoreCrc] <src> ...]
[-touchz <path> ...]
[-usage [cmd ...]]
```

“hadoop fs”命令还可以在本地文件系统和 HDFS 之间进行文件复制，copyFromLocal 表示将本地文件复制到 HDFS 上。FsShell 是一个 Java 程序，实现了应用入口的 main()方法，是一个典型的基于 ToolRunner 实现的应用。

4.5.2 DFSAdmin 实现

DFSAdmin 是 Hadoop 自带的一个命令行工具，用于管理和监控 HDFS 集群。它提供了一系列的命令，可以查看 HDFS 集群的状态、配置、命名空间、块池和 DataNode 等信息，也可以进行一些管理操作，如块池的删除、DataNode 的恢复等。

以下是 DFSAdmin 的一些常用命令。

```
dfsadmin -report：查看 HDFS 集群的状态报告，如集群中的块数、文件数、存储容量、节点数等信息。
```

```
dfsadmin -safemode enter/leave：进入或退出安全模式，安全模式下只允许读取数据，不能进行写入操作。
dfsadmin -refreshNodes：刷新 DataNode 列表，可以将新加入或移除的 DataNode 更新到集群中。
dfsadmin -setrep <replication> <path>：设置指定文件的副本数。
dfsadmin -setBalancerBandwidth <bandwidth>：设置数据块平衡器的带宽限制。
dfsadmin -getDatanodeInfo <datanodeID>：查看指定 DataNode 的状态和信息。
dfsadmin -report -files <path>：显示指定文件的块信息和位置。
dfsadmin -deleteBlockPool <blockpoolID>：删除指定的块池。
```

除了这些常用命令外，DFSAdmin 还支持故障排除功能，如健康检查、块校验和复制等。这些功能可以对 HDFS 集群进行监控和管理，以保证 HDFS 集群的稳定和高效运行。

DFSAdmin 继承自 FsShell，它的实现和 FsShell 类似，也是通过 ToolRunner.run()执行 DFSAdmin.run()方法，该方法根据不同的命令调用相应的处理函数。我们可以通过以下命令获取帮助信息。

```
[hdfs@cent-2 ~]$ hadoop dfsadmin
DEPRECATED: Use of this script to execute hdfs command is deprecated.
Instead use the hdfs command for it.

Usage: hdfs dfsadmin
Note: Administrative commands can only be run as the HDFS superuser.
        [-report [-live] [-dead] [-decommissioning]]
        [-safemode <enter | leave | get | wait>]
        [-saveNamespace]
        [-rollEdits]
        [-restoreFailedStorage true|false|check]
        [-refreshNodes]
        [-setQuota <quota> <dirname>...<dirname>]
        [-clrQuota <dirname>...<dirname>]
        [-setSpaceQuota <quota> <dirname>...<dirname>]
        [-clrSpaceQuota <dirname>...<dirname>]
        [-finalizeUpgrade]
        [-rollingUpgrade [<query|prepare|finalize>]]
        [-refreshServiceAcl]
        [-refreshUserToGroupsMappings]
        [-refreshSuperUserGroupsConfiguration]
        [-refreshCallQueue]
        [-refresh <host:ipc_port> <key> [arg1..argn]
        [-reconfig <datanode|...> <host:ipc_port> <start|status>]
        [-printTopology]
        [-refreshNameNodes datanode_host:ipc_port]
        [-deleteBlockPool datanode_host:ipc_port blockpoolId [force]]
        [-setBalancerBandwidth <bandwidth in bytes per second>]
```

```
        [-fetchImage <local directory>]
        [-allowSnapshot <snapshotDir>]
        [-disallowSnapshot <snapshotDir>]
        [-shutdownDatanode <datanode_host:ipc_port> [upgrade]]
        [-getDatanodeInfo <datanode_host:ipc_port>]
        [-metasave filename]
        [-triggerBlockReport [-incremental] <datanode_host:ipc_port>]
        [-help [cmd]]

Generic options supported are
-conf <configuration file>     specify an application configuration file
-D <property=value>            use value for given property
-fs <local|NameNode:port>      specify a NameNode
-jt <local|resourcemanager:port>    specify a ResourceManager
-files <comma separated list of files>    specify comma separated files
to be copied to the map reduce cluster
-libjars <comma separated list of jars>    specify comma separated jar
files to include in the classpath.
-archives <comma separated list of archives>    specify comma separated
archives to be unarchived on the compute machines.

The general command line syntax is
bin/hadoop command [genericOptions] [commandOptions]
```

总的来说，DFSAdmin 是 Hadoop 中常用的一种命令行工具，它提供了丰富的命令和功能，可以帮助用户更好地管理和监控 HDFS 集群。

4.6 ZooKeeper 分布式协调服务

ZooKeeper 是一个分布式协调服务，主要用于管理和协调分布式系统中的各种服务和应用程序。ZooKeeper 提供了分布式锁、配置管理、命名服务等功能，可以帮助应用程序解决分布式环境下的并发和一致性问题。在 Hadoop 集群中，ZooKeeper 通常用于协调 Hadoop 集群中的各个组件。例如，Hadoop NameNode 可以利用 ZooKeeper 进行高可用性管理，即在主节点故障时，自动将备用节点切换为主节点，以确保系统的可用性。此外，Hadoop 中的 YARN 也可以利用 ZooKeeper 进行资源管理和任务调度。

4.6.1 ZooKeeper 概述

ZooKeeper 是由雅虎公司的一群工程师开发的，最初是为了解决雅虎内部的一些分布式系统的协调和管理问题。2008 年，雅虎公司将 ZooKeeper 开源，并提交给 Apache 软件基金会进行孵化。2009 年，ZooKeeper 成为 Apache 的顶级项目之一。目前，

ZooKeeper 仍然是一个活跃的开源项目，得到了广泛的应用和支持。在分布式系统中，ZooKeeper 的作用越来越重要，它可以帮助应用程序解决分布式环境下的并发和一致性问题，从而提高系统的可用性和性能。

ZooKeeper 基于分布式文件系统的设计思路，采用了 ZAB（ZooKeeper 原子广播）协议，实现了数据的高可用性和一致性。ZooKeeper 支持 Java、C、Python 等多种编程语言，并提供了丰富的 API，可以方便地集成到各种分布式系统中。它为分布式应用提供一致性服务的软件，提供配置维护、域名服务、分布式同步、组服务等功能。ZooKeeper 提供一种集中式服务，用于维护配置信息、命名、提供分布式同步和组服务。所有这些类型的服务都以分布式应用程序的某种形式使用。每次实施它们都需要做很多工作来修复不可避免的错误和竞争条件，ZooKeeper 的目标就是封装好复杂易出错的关键服务，将简单易用的接口和性能高效、功能稳定的系统提供给用户。

ZooKeeper 允许分布式进程通过共享的分层命名空间相互协调，该命名空间的组织方式与标准文件系统类似。名称空间由数据寄存器（在 ZooKeeper 中被称为 ZNode）组成，这些寄存器类似于文件和目录，与设计用于存储的典型文件系统不同，ZooKeeper 数据保存在内存中，这意味着 ZooKeeper 可以实现高吞吐量和低时延。ZooKeeper 实现非常重视高性能、高可用性、严格有序的访问，ZooKeeper 的性能使其可以在大型分布式系统中使用，可靠性使其不会出现单点故障，严格的排序意味着可以在客户端实现复杂的同步原语。

4.6.2 ZooKeeper 的体系结构

图 4-5 为 ZooKeeper 的基本架构，ZooKeeper Client 连接 ZooKeeper 集群中的任一节点进行 API 操作，同时 ZooKeeper 节点中的 Following 节点连接 ZooKeeper Leader 节点进行数据同步并将对 ZooKeeper 节点修改操作的请求转发到 ZooKeeper Leader 节点进行操作。

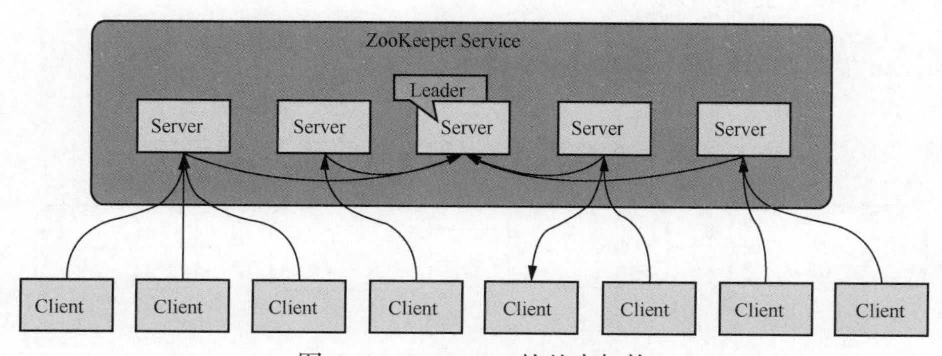

图 4-5 ZooKeeper 的基本架构

下面介绍 Server 节点角色、Server 状态以及 Session 生命周期。

1. Server 节点角色

Zookeeper Server 节点有 3 种角色：Follower 角色、Leader 角色和 Observer 角色。

① Follower 角色：Follower 角色可以用于与 ZooKeeper 客户端进行 Session 连接和通信，处理客户端获取 ZNode 节点数据的请求，负责将对 ZNode 节点数据修改的操作转发给 Leader 节点，同时参与 ZooKeeper Leader 的选举。

② Leader 角色：Leader 角色可以用于与 ZooKeeper 客户端进行 Session 连接和通信，处理 Follower 节点和 Observer 节点对数据更新的请求并更新数据。

③ Observer 角色：Observer 角色主要负责与 ZooKeeper 客户端进行 Session 连接和通信，处理客户端获取 ZNode 节点数据的请求，负责将对 ZNode 节点数据修改的操作转发给 Leader 节点，但是不参与 ZooKeeper Leader 的选举，可以通过添加 "peerType=observer" 设置节点为 Observer 角色，对于集群模式，同时需要设置 "server.1:localhost:2181: 3181:observer"。

2. Server 选举状态

Server 状态可以分为以下 4 种。

① LOOKING：Server 的初始状态都是 LOOKING。

② LEADING：Server 参与选举成功的节点将进入 LEADING 状态。

③ FOLLOWING：如果选举没成功，则进入 FOLLOWING 状态。

④ OBSERVING：如果节点为 Observer 角色，则进入 OBSERVING 状态。

需要注意的是，观察者节点是在 ZooKeeper 3.3.0 版本中引入的新特性，它可以在不影响集群性能的情况下，提高集群的可扩展性和可靠性。在观察者模式下，客户端可以连接到观察者节点，以获得集群状态的实时通知，而不会对集群造成额外的负载。

3. Session 生命周期

Session 生命周期如图 4-6 所示。

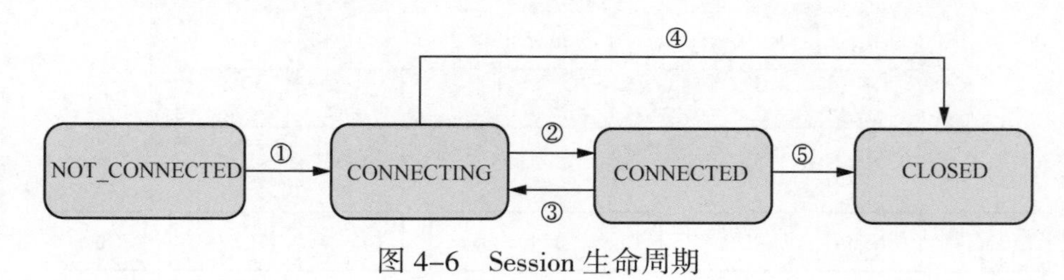

图 4-6 Session 生命周期

在 ZooKeeper 的 Session 生命周期中，会话（Session）是客户端与服务器之间的连接。每个客户端都必须创建一个会话才能与 ZooKeeper 进行交互。会话的生命周期包括以下几个阶段。

① 连接。客户端通过 ZooKeeper API 连接到 ZooKeeper 服务器节点。在连接过程中，客户端会向服务器发送一个请求，请求创建一个会话。如果连接成功，会话将进入“已连接”状态。

② 会话建立。当 ZooKeeper 服务器收到会话请求后，会分配一个唯一的会话 ID，并将其返回给客户端。客户端会话在收到会话 ID 后进入“已建立”状态。此时，客户端可以使用 ZooKeeper API 与服务器进行交互。

③ 正常操作。在会话建立之后，客户端可以使用 ZooKeeper API 执行读/写操作。每个操作都必须在一定的时间内完成，否则会话将会超时。

④ 会话超时。如果客户端在一段时间内没有与 ZooKeeper 服务器进行任何交互，会话将会超时。超时时间是在客户端创建会话时指定的，通常为几秒钟到几分钟不等。当会话超时时，客户端会话将进入“已过期”状态。

⑤ 会话重连。如果客户端会话超时，客户端将自动尝试重新连接到 ZooKeeper 服务器。在重新连接过程中，客户端会向服务器发送一个请求，请求恢复之前的会话。如果恢复成功，会话将进入“已建立”状态，客户端可以继续使用该会话执行操作。

总之，ZooKeeper 会话的生命周期包括连接、会话建立、正常操作、会话超时和会话重连等阶段。客户端需要根据实际需求设置合适的会话超时时间，并处理会话超时和会话重连等异常情况，以保证应用程序的稳定性和可靠性。

4.6.3　ZooKeeper 奇数节点和偶数节点

当 ZooKeeper 集群中各个节点之间的网络通信出现问题时，可能会导致脑裂现象，即集群中出现多个领导节点的情况。脑裂的原因在于以下情况：当部分从节点无法接收到领导节点的心跳信号时，它们会认为领导节点发生故障；这些无法接收到心跳信号的从节点将会发起新的领导节点选举，这样就会形成多个小集群，每个集群都有自己的领导节点和从节点。

ZooKeeper 针对脑裂问题采用了只有获得超过半数节点的投票，才能选举出 Leader 的策略。这种方式可以确保要么选出唯一的 Leader，要么选举失败。假设 Leader 发生了假死，然后旧的 Leader 节点复活并认为自己仍然是 Leader 时，它会尝试向其他 Follower 节点发送写请求。然而，ZooKeeper 维护了一个叫作“epoch”的变量，它在每次选举产生新的 Leader 时都会递增。Follower 节点在确认了新的 Leader 后，也会知道其当前的 epoch 值。因此，如果旧的 Leader 节点的 epoch 值小于现任 Leader 的 epoch 值，那么 Follower 节点会拒绝旧 Leader 的请求。这种机制确保了在 Leader 选举过程中，旧的 Leader 节点无法恢复并继续扮演 Leader 的角色，从而避免了脑裂问题的发生。只有 epoch 值大于当前 Leader 的节点的 epoch 值才能成为新的 Leader，并获得其他节点的确认。

在 ZooKeeper 中需要尽量避免集群节点数是偶数的情况，理由如下。

（1）防止由脑裂造成集群的不可用

情况 1：假如集群有 5 个节点发生了脑裂，脑裂成了 A、B 两个小集群。小集群 A 有 1 个节点，小集群 B 有 4 个节点。或者，小集群 A 有 2 个节点，小集群 B 有 3 个节点。在上面两种情况下，A、B 中总会有一个小集群满足可用节点数量＞总节点数量/2，所以集群仍然能选举出 Leader，仍然能对外提供服务。

情况 2：假如集群有 4 个节点同样发生脑裂，脑裂成了 A、B 两个小集群。小集群 A 有 1 个节点，小集群 B 有 3 个节点；或者，小集群 A 有 2 个节点，小集群 B 有 2 个节点。显然集群 A、B 分别有 2 个节点的时候不满足选举条件，此时集群就彻底不能提供服务了。

总结：节点数量为奇数的情况优于节点数量为偶数的情况。

（2）奇数个节点更节省资源

原则上 ZooKeeper 集群中可以有偶数个节点，但其容错数并不会提高，反而降低了集群间的通信效率，也浪费了资源，即容错能力相同时，奇数个节点更节省资源。

因此，奇数节点的使用是为了确保主节点选举的可行性和系统的高可用性。这种做法提供了容错能力，使 ZooKeeper 能够处理节点故障和网络分区，并保持数据的一致性。

习 题

1. 简述什么是 HDFS。
2. 列举 HDFS 的优缺点。
3. 简述什么是 ZooKeeper。
4. 列举 ZooKeeper 的优缺点。

第5章 分布式计算——MapReduce和YARN

主要内容

5.1 什么是 MapReduce

5.2 MapReduce 编程模型

5.3 MapReduce 数据流及任务流

5.4 YARN 概述

5.5 YARN 的基本框架

5.6 YARN 的工作流程

在Hadoop 2.x版本中，MapReduce框架已经基于YARN进行了重构，被称为YARN上的MapReduce。在这个版本中，MapReduce作为一个应用程序运行在YARN之上，并且可以利用YARN的资源管理和分配能力。YARN上的MapReduce相对于之前的版本，具有更好的资源利用率和更好的灵活性，可以更好地适应不同类型的应用程序。因此，YARN上的MapReduce已经成了Apache Hadoop中的标准MapReduce框架。本章将介绍MapReduce与YARN的原理及其作用。

5.1 什么是MapReduce

MapReduce是一种处理大规模数据集的编程模型和算法。它最初是由Google公司开发的，用于处理互联网搜索引擎中的数据量巨大的索引构建任务。MapReduce模型包括两个主要阶段：Map阶段和Reduce阶段。

在Map阶段，程序会对输入数据进行切分和映射，将每个切分后的数据块映射为一组键值对。这个阶段可以通过并行处理，将数据处理任务分散到不同的机器上执行，以此加速数据处理的速度。在Reduce阶段，程序会对这些键值对进行聚合操作，生成最终结果。这个阶段也可以通过并行处理，将聚合任务分散到不同的机器上执行。下面举一个例子来帮助读者更好地理解MapReduce。

假设有一家电商平台，该平台每天会产生大量的交易数据。这些数据包括用户的购买记录、商品信息、交易时间、交易金额等。为了分析这些数据，电商平台需要对它们进行处理和聚合，以了解用户的购买行为、商品的销售情况等。

这时，我们可以使用MapReduce来实现数据的处理和聚合。具体来说，MapReduce可以将原始数据分成若干个数据块，再将每个数据块分配给一个Map任务让其进行处理，Map任务将数据分解成键值对，并根据键值对的内容进行处理。例如，开发人员可以将每个键值对的键设置为商品编号，值设置为交易金额，以统计每个商品的销售额。在Map任务完成后，开发人员可以将所有的键值对按照键进行分组，将相同键的值合并起来，这样就得到了每个商品的销售额列表。接着，开发人员可以将这个列表分配给若干个Reduce任务进行聚合。Reduce任务将所有相同商品编号的销售额加起来，得到最终的结果。

通过这种方式，电商平台可以对大量的交易数据进行处理和聚合，以了解用户的购买行为和商品的销售情况。这种处理方式不仅可以提高数据的处理效率，还可以处理大规模的数据集。

MapReduce的优势在于它可以处理大规模数据，并且可以通过横向扩展来提高处理速度。它可以在集群中的多台机器上并行处理数据，同时还具有容错能力，即使在某些节点出现故障的情况下也可以保证完成任务。因此，MapReduce 已经成了处理大规模数据的标准模型之一，被广泛应用于各种场景，如数据挖掘、机器学习、日志分析等。

MapReduce 的发展历程可以分为以下几个阶段。

（1）Google 内部使用阶段

MapReduce 最初是由 Google 公司开发的，用于处理互联网搜索引擎中的数据量巨大的索引构建任务。Google公司在2004年发表了一篇名为 *MapReduce: Simplified Data Processing on Large Clusters* 的论文，详细介绍了 MapReduce 的实现方法和应用效果。

（2）Apache Hadoop 阶段

由于 MapReduce 的创新和实用性，Apache Hadoop 社区开始将其作为 Hadoop 分布式计算框架的核心组件之一。在 2010 年，Apache Hadoop 1.0 版本正式发布，其中包括了 MapReduce 框架的实现。Apache Hadoop 的出现极大地推动了 MapReduce 技术的发展和应用。

（3）YARN 上的 MapReduce 阶段

在 Hadoop 2.x 版本中，MapReduce 框架已经基于 YARN 进行了重构，被称为 YARN 上的 MapReduce。在这个版本中，MapReduce 作为一个应用程序运行在 YARN 之上，并且可以利用 YARN 的资源管理和分配能力。YARN 上的 MapReduce 对于之前的版本，具有更好的资源利用率和更好的灵活性，可以更好地适应不同类型的应用程序。

（4）基于内存的 MapReduce 阶段

在传统的 MapReduce 框架中，数据处理的瓶颈通常在于磁盘 I/O。为了提高 MapReduce 的性能，一些研究人员开始探索基于内存的 MapReduce 框架。这种框架将数据存储在内存中，可以大幅减少磁盘 I/O 的开销，从而提高数据处理的速度。目前，一些开源项目，如 Apache Spark 和 Apache Flink，已经实现了基于内存的 MapReduce 框架，并且逐渐得到了广泛的应用。

总之，MapReduce 在过去的十几年中，经历了从 Google 公司内部使用到开源社区推广的过程，同时也在不断地进行技术创新和优化，以满足不断变化的数据处理需求。

5.2 MapReduce 编程模型

MapReduce 编程模型是一种分布式计算框架，能够有效地处理大规模数据集并加速计算。MapReduce 模型将数据分成多个部分，并在多个计算节点上并行执行数据处理，以提高计算效率。该模型的核心思想是将计算分为两个阶段：Map 阶段和

Reduce 阶段。在 Map 阶段，数据被划分成多个小块，并在各个计算节点上进行映射处理，以生成键值对。在 Reduce 阶段，相同键的值被汇总在一起，并在各个计算节点上进行归约处理，以生成最终的输出结果。MapReduce 编程模型已经被广泛应用于大规模数据处理场景，例如搜索引擎、社交网络、日志分析等。MapReduce 编程模型可以分为简单模型和复杂模型两种，分别是 MapReduce 简单模型和 MapReduce 复杂模型。

5.2.1 MapReduce 简单模型

Hadoop MapReduce 编程模型主要由两个抽象类 Mapper 和 Reducer 构成。Mapper 用于处理切分过的原始数据，Reducer 对 Mapper 的结果进行汇总，得到最后的输出。MapReduce 编程模型如图 5-1 所示。

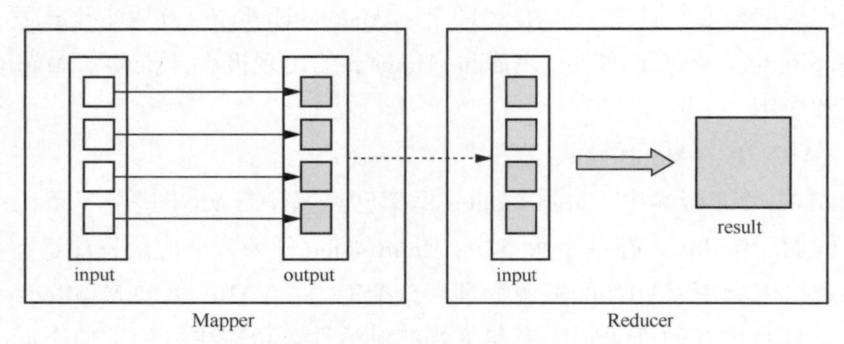

图 5-1 MapReduce 编程模型

在数据格式上，Mapper 接收<key, value>格式的输入数据流，并产生一系列同样是<key, value>形式的输出数据流，这些输出数据流经过相应处理，形成<key, {value list}>形式的中间结果；然后这些生成的中间结果被传给 Reducer 作为输入数据流，对相同 key 值的{value list}做相应处理，最终生成<key, value>形式的输出数据流，再写入 HDFS 中。MapReduce 简易数据流如图 5-2 所示。

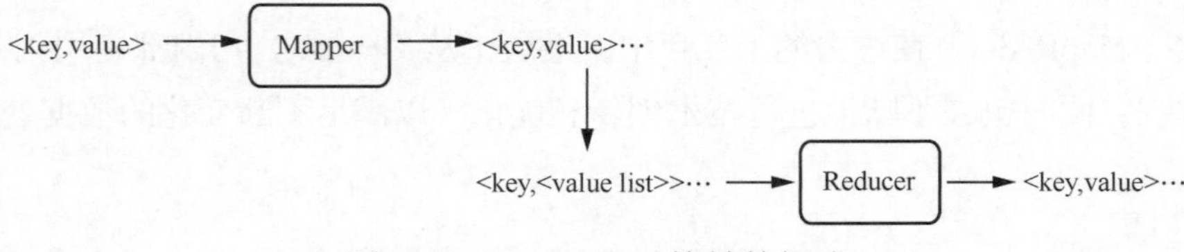

图 5-2 MapReduce 简易数据流

当然，上面说的只是 Mapper 和 Reducer 的处理过程，还有一些其他的处理流程并没有提到。例如，如何把原始数据解析成 Mapper 可以处理的数据，Mapper 的中间结果如何分配给相应的 Reducer，Reducer 产生的结果数据以何种形式存储到 HDFS 中，这些过程都需要相应的实例进行处理。所以 Hadoop 还提供了其他基本

API：InputFormat（分片并格式化原始数据）、Partitioner（处理分配 Mapper 产生的结果数据）、OutputFormat（按指定格式写入文件），并且提供了很多可行的默认处理方式，可以满足大部分使用需求。所以，用户只需要实现相应的 Mapper()函数和 Reducer()函数，即可实现基于 MapReduce 的分布式程序的编写，涉及 InputFormat、Partitioner、OutputFormat 的处理，直接调用即可。后面所讲到的 WordCount 程序就是这样。

对于某些任务来说，可能并不一定需要 Reduce 过程，例如，只需要对文本的每一行数据做简单的格式转换，那么只需要由 Mapper 处理就可以了。所以 MapReduce 也有简单的编程模型，该模型只有 Mapper 过程，由 Mapper 产生的数据直接写入 HDFS，如图 5-3 所示。

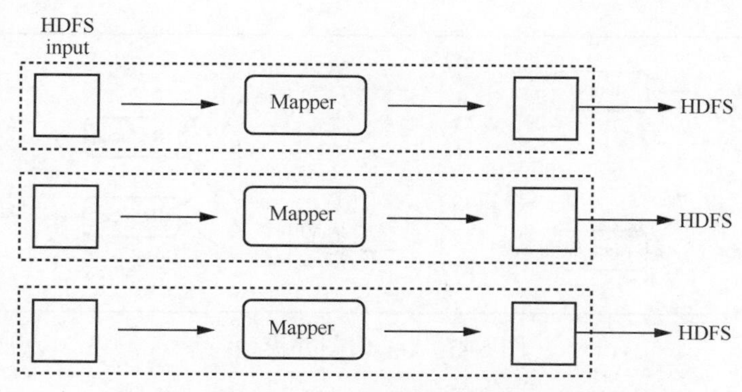

图 5-3 MapReduce 简单模型

5.2.2 MapReduce 复杂模型

大部分任务都是需要 Reduce 过程的，并且由于任务繁重，会启动多个 Reducer（默认为 1，根据任务量可由用户自己设定合适的 Reducer 数量）来进行汇总，如图 5-4 所示。如果只用一个 Reducer 计算所有 Mapper 的结果，就会导致单个 Reducer 负载过于繁重，形成性能瓶颈，延长任务的运行周期。

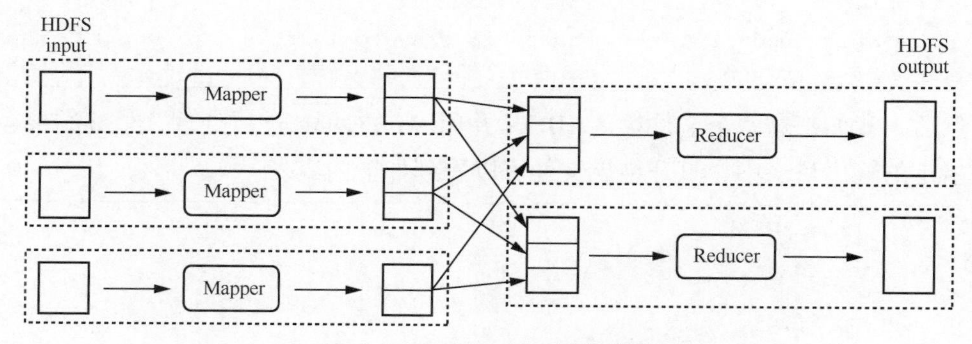

图 5-4 MapReduce 复杂模型

如果一个任务有多个 Mapper，由于输入文件的不确定性，由不同 Mapper 产生的输出会有 key 值相同的情况。而 Reducer 是最后的处理过程，其结果不会进行第二次汇总。为了使 Reducer 输出结果的 key 值具有唯一性（同一个 key 只出现一次），由 Mapper 产生的所有具有相同 key 值的输出都会集中到一个 Reducer 中进行处理。图 5-5 显示的 MapReduce 过程包含两个 Mapper 和两个 Reducer，其中两个 Mapper 产生的结果均含有 k1 和 k2，这里把所有含有<k1, v1 list>的结果分配给上面的 Reducer 接收，所有含有<k2, v2 list>的结果分配给下面的 Reducer 接收，这样由两个 Reducer 产生的结果就不会有相同的 key 值出现。值得一提的是，上面所说的只是一种分配情况，根据实际情况，所有的<k1, v1 list>和<k2, v2 list>也可能都会分配给同一个 Reducer，但是无论如何，一个 key 值只会对应一个 Reducer。

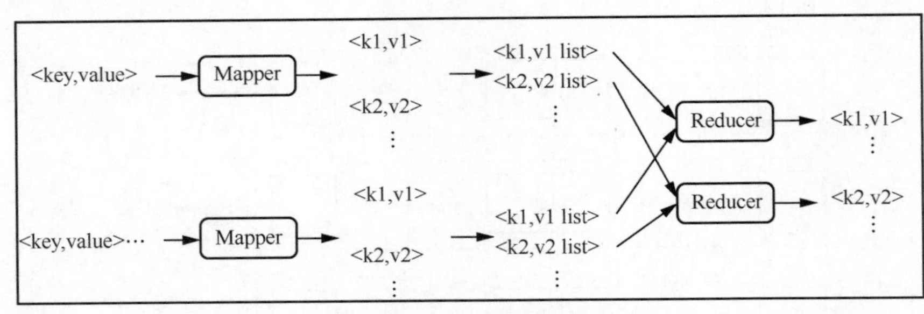

图 5-5 key 值归并模型

5.2.3 WordCount 案例

掌握了 MapReduce 编程模型后，本节用编程实例 WordCount 来展示 MapReduce 过程。WordCount 意为"词频统计"，这个程序的作用是统计文本文件中各单词出现的次数，其特点是以"空字符"为分隔符将文本内容切分成一个个的单词，但并不检测这些单词是不是真的单词。其输入文件可以是多个，但输出只有一个。

我们可以先简单地写两个小文件，内容如下。

```
File: text1.txt              File : text2.txt
hadoop is very good          hadoop is easy to learn
mapreduce is very good       mapreduce is easy to learn
```

然后，我们把这两个文件存入 HDFS 并用 WordCount 进行处理，最终结果会存储在指定的输出目录中，打开结果文件可以看到如下内容。

```
Easy        2
Good        2
Hadoop      2
Is          4
Learn       2
```

```
Mapreduce    2
To           2
Very         2
```

从上述结果可以看出，每一行有两个值，它们之间以一个缩进相隔，第一个值是 key，即 WordCount 找到的单词，第二个值为 value，即各个单词出现的次数。细心的读者可能会发现，整体结果是按 key 升序排列的，这其实也是 MapReduce 过程进行了排序的一种体现。

实现 WordCount 的伪代码如下。

```
mapper(String key, String value)        //key: 偏移量     value:字符串内容
{
        words = SplitInTokens(value);  //切分字符串
        for each word w in words        //取字符串中的每一个 word
             Emit(w, 1);                //输出 word, 1
}
reducer(string key, value_list)     //key: 单词: value_list: 值列表
{
        int sum = 0;
        for each value in value_list    //取列表中的每一个值
             sum += value;              //加到变量 sum 中
        Emit(key, sum);                 //输出 key, sum
}
```

上述伪代码显示了 WordCount 的 Mapper 和 Reducer 处理过程，在实际处理中，根据输入的具体情况，一般会有多个 Mapper 实例和 Reducer 实例，并且它们运行在不同的节点上。首先，各 Mapper 对自己的输入进行切词，以<word, 1>的形式输出中间结果，并把结果存储在各自节点的本地磁盘上；其次，Reducer 对这些结果进行汇总，不同的 Reducer 汇总分配给各自的部分，计算每一个单词出现的总次数；最后以<word, counts>的形式输出最终结果，并写入 HDFS 中。

WordCount 完整的 Java 版本代码如下。

```
public class WordCount {

   public static class Map extends MapReduceBase implements Mapper
<LongWritable, Text, Text, IntWritable> {
     private final static IntWritable one = new IntWritable(1);
     private Text word = new Text()   ;

     public void mapper(LongWritable key, Text value, OutputCollector<
Text, IntWritable> output,Reporter reporter)throws IOException {
       String line = value.toString()   ;
       StringTokenizer tokenizer = new StringTokenizer(line);
       while  (tokenizer.hasMoreTokens()) {
```

```
            word.set(tokenizer.nextToken());
            output.collect(word, one);
          }
        }
      }

    public static class Reduce extends MapReduceBase implements Reducer<Text,
 IntWritable, Text, IntWritable> {
        public void reducer
(Text key, Iterator<IntWritable> values, OutputCollector<Text, IntWritable>
output, Reporter reporter) throws IOException {
          int sum = 0;
          while (values.hasNext()) {
            sum += values.next().get();
          }
          output.collect(key, new IntWritable(sum));
        }
      }

// main 函数承担驱动职责，提交整个任务
public static void main(String[] args) throws Exception {
        JobConf conf = new JobConf(WordCount.class);
        conf.setJobName("wordcount");
        // 定义输出结果的 key-value 类型
        conf.setOutputKeyClass(Text.class);
        conf.setOutputValueClass(IntWritable.class);

        // 设置 Map,Combiner,Reduce 的自定义处理类
        conf.setMapperClass(Mapper.class);
        conf.setCombinerClass(Reducer.class);
        conf.setReducerClass(Reducer.class);

        conf.setInputFormat(TextInputFormat.class);
        conf.setOutputFormat(TextOutputFormat.class);

        //设置输入输出文件
        FileInputFormat.setInputPaths(conf, new Path(args[0]));
        FileOutputFormat.setOutputPath(conf, new Path(args[1]));

        JobClient.runJob(conf);
      }
}
```

MapReduce 编程模型处理的问题其实是有限制的，适用于大问题分解而成的小问题，并且彼此之间没有依赖关系，就如本例中，计算 text1 中各单词出现的次数对计算 text2 而言没有任何影响，反过来也是如此。所以，使用 MapReduce 编程模型处

理数据是有其适用场景的。

5.3 MapReduce 数据流及任务流

在 MapReduce 模型中，数据流和任务流是密不可分的。MapReduce 中的每个任务都会处理一定的数据流，并且任务之间的执行顺序和依赖关系也会影响数据流的传递和处理。因此，在 MapReduce 编程中，需要同时考虑数据流和任务流的问题，以实现高效和可靠的 MapReduce 计算。

5.3.1 MapReduce 数据流

Mapper 处理的是<key, value>形式的数据，并不能直接处理文件流，那么它的数据源是怎么来的呢？由多个 Mapper 产生的数据是如何分配给多个 Reducer 的呢？这些操作都是由 Hadoop 提供的基本 API（InputFormat、Partitioner、OutputFormat）实现的，这些 API 类似于 Mapper 和 Reducer，它们属于同一层次，不过完成的是不同的任务，并且它们本身已实现了很多默认的操作，这些默认的操作可以完成用户的大部分需求。当然，如果默认操作并不能完成用户的要求，用户也可以通过继承或重写来实现自定义逻辑，以适应特定的应用需求。本小节将以 5.2.3 中的 WordCount 为例，详细讲解 MapReduce 的数据处理流程。

1. 分片并格式化原始数据（InputFormat）

InputFormat 主要有两个任务：一个任务是对源文件进行分片，并确定 Mapper 的数量；另一个任务是对各分片进行格式化，将其处理成<key, value>形式的数据流并传给 Mapper。

在 5.2.3 小节的实例 WordCount 中，因为输入文件只是很小的两个文本文件，远远没有达到要将单个文件划分为多个 InputSplit 的程度，所以，每个文件本身会被划分成一个单独的 InputSplit。划分好后，InputFormat 会对 InputSplit 执行格式化操作，形成<key, value>形式的数据流，其中 key 为偏移量，从 0 开始，每读取一个字符（包括空格）增加 1；value 则为一行字符串。InputFormat 处理过程如图 5-6 所示。

2. Map 过程

Mapper 接收<key, value>形式的数据，并处理成<key, value>形式的数据，具体的处理过程可由用户定义。在 WordCount 中，Mapper 会解析传过来的 key 值，以“空字符”为标识符，如果碰到“空字符”，就会把之前累计的字符串作为输出的 key 值，并以 1 作为当前 key 的 value 值，形成<word, 1>的形式，如图 5-7 所示。

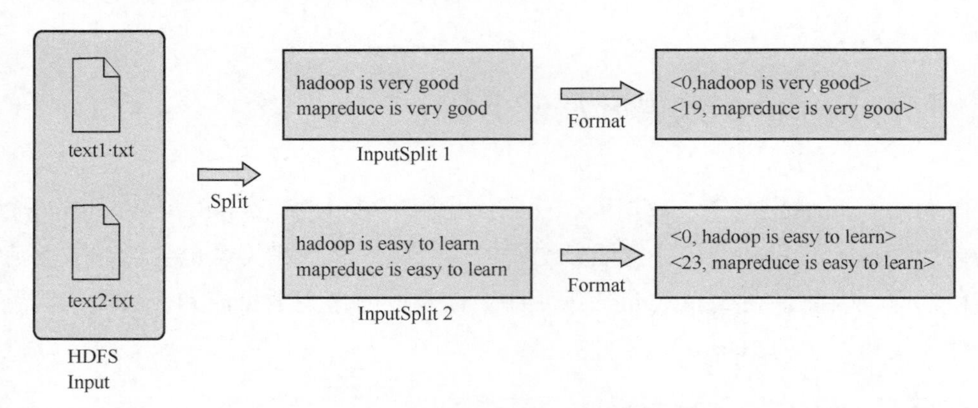

图 5-6 InputFormat 处理过程

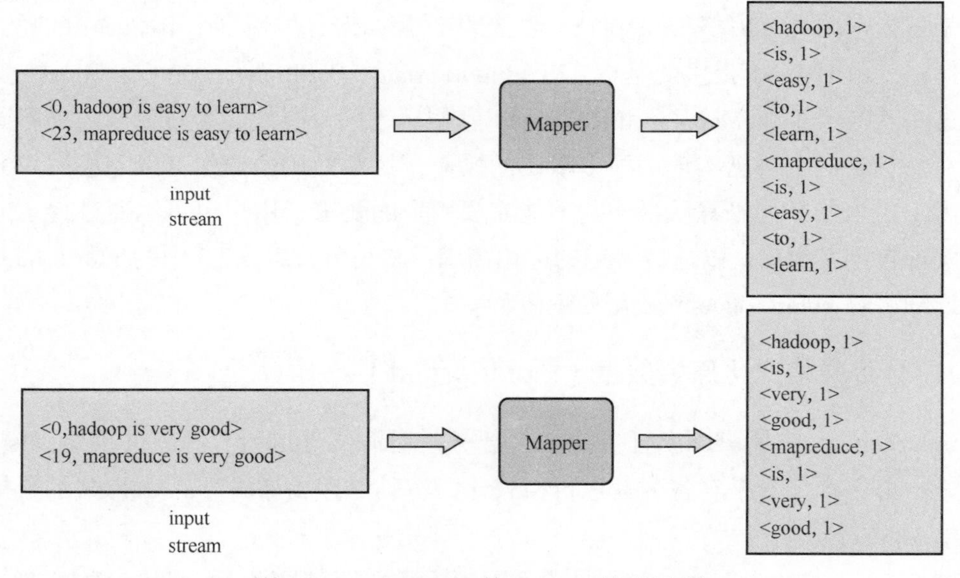

图 5-7 WordCount 的 Mapper 处理过程

3. Shuffle 过程

在 WordCount 案例中，由 Mapper 产生的数据会被整体写入内存（数据量比较小），然后按 key 进行排序，之后把含有相同 key 的数据合并，最后每个 map 输出（map output）形成一个单独的分区，如图 5-8 所示。因为本实例的数据量较小，所以数据可能不会 spill 到本地磁盘，而是直接在内存完成所有操作。

Mapper 端的操作完成，Reducer 端通过 HTTP 将 Mapper 端的输出分区复制到缓存（buffer in ram）中，待复制完成，进行归并排序（merge sort），将相同 key 的数据进行排序并将其集中到一起，如图 5-9 所示。注意，这里的输出会以流（Stream）的形式传递给 Reducer。

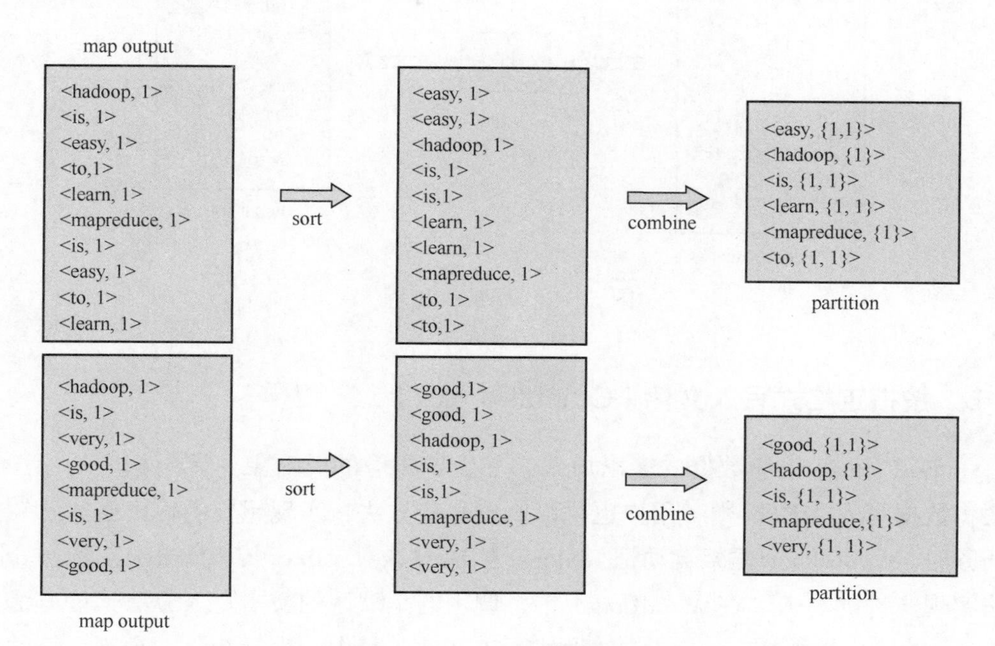

图 5-8　Map 端的 Shuffle

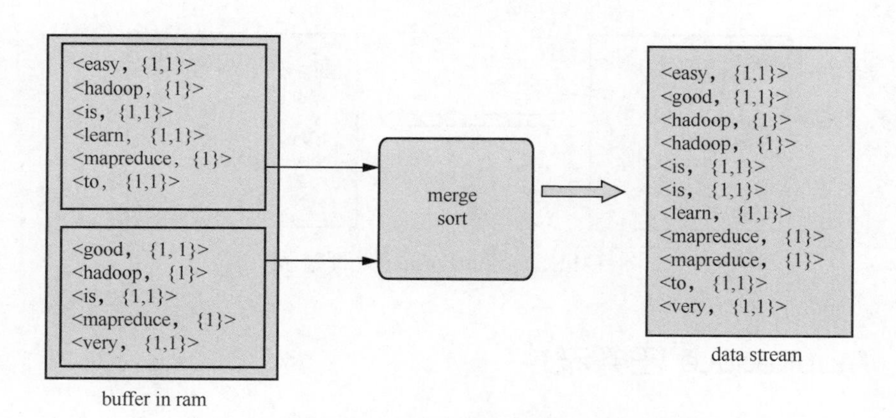

图 5-9　Reduce 端的 Shuffle

4. Reduce 过程

Reducer 接收<key, {value list}>形式的输入数据流（Input Stream），形成<key, value>形式的输出数据流（Output Stream），输出数据直接被写入 HDFS，具体的处理过程可由用户定义。在 WordCount 中，Reducer 会将相同 key 的 value list 累加，得到这个单词出现的总次数，然后输出，其过程如图 5-10 所示。

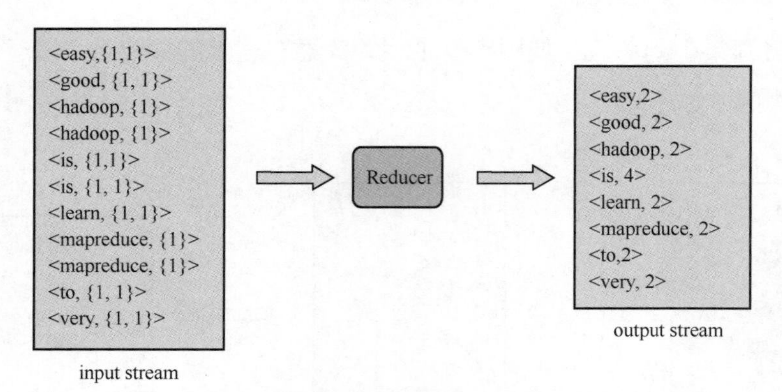

图 5-10 Reduce 过程

5. 按指定格式写入文件（OutputFormat）

OutputFormat 描述数据的输出形式，并生成相应的类对象，调用相应的 write()方法将数据写入 HDFS 中，用户也可以修改这些方法，实现想要的输出格式。在执行任务时，MapReduce 框架自动把 Reducer 生成的<key, value>传入 write()方法，write()方法实现文件的写入。在 WordCount 中，调用的是默认的文本写入方法，该方法把 Reducer 的输出数据按[key\tvalue]的形式写入文件（其中\t 表示相隔一个制表符的距离），如图 5-11 所示。

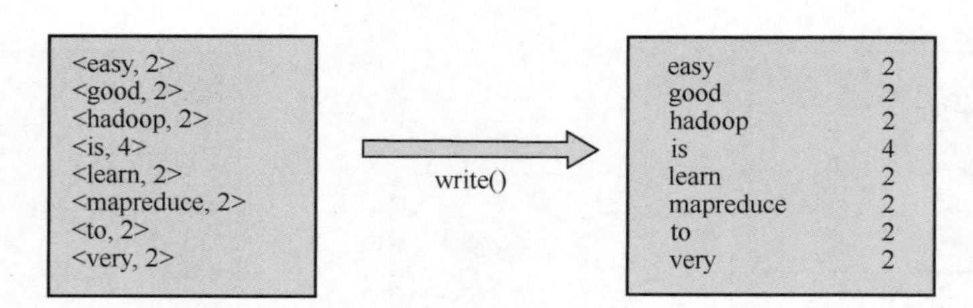

图 5-11 OutputFormat 处理过程

5.3.2 MapReduce 任务流

当一个 MapReduce 程序被启动时，MapReduce 任务流就开始了。MapReduce 任务流是指在整个 MapReduce 计算中，多个任务之间的依赖关系和执行顺序组成的流程。下面是 WordCount 在 MapReduce 任务流中的运行过程。

1. 读取输入数据

在 MapReduce 任务流开始时，InputFormat 会将输入文件进行划分，每个数据块被称为一个 Split 任务。每个 Split 任务会被分配给一个 Map 任务进行处理。在 WordCount 中，输入数据是一个或多个文本文件。

2. Map 任务处理

在 WordCount 的 Map 任务中，每个 Map 任务会读取输入数据，并将输入数据转换为一组中间键值对。其中，键是输入文本中的单词，值是该单词出现的次数。在这个阶段，Map 任务会对输入文本进行切分，并对每个单词进行计数。

例如，输入文本为：

```
hello world  hello mapreduce  hello hadoop
```

Map 任务的输出如下。

```
// 输入分片 1：hello world
(hello, 1), (world, 1)
// 输入分片 2：hello mapreduce
(hello, 1), (mapreduce, 1)
// 输入分片 3：hello hadoop
(hello, 1), (hadoop, 1)
```

3. Combiner 任务处理

在 WordCount 中，Combiner 任务是可选的（在这个例子中，我们假设没有使用 Combiner）。如果启用了 Combiner 任务，则在 Map 任务输出后，Combiner 任务会对中间键值对进行一定的聚合计算。在 WordCount 中，Combiner 任务可以将相同单词的计数结果合并。

Combiner 任务可以将相同单词的计数结果合并，例如：

```
(hello, 3)
(world, 1)
(mapreduce, 1)
(hadoop, 1)
```

4. Partitioner 任务处理

在 WordCount 中，Partitioner 任务会根据中间键值对的键值，将其分配到不同的 Reduce 任务中进行处理。Partitioner 任务的目的是实现数据的负载均衡，以确保每个 Reduce 任务处理的数据量尽量均衡。假设我们有两个 Reducer（Reducer1 和 Reducer2），Partitioner 将键值对分发如下。

```
// Reducer1 输入：
(hello, 1), (hello, 1), (hello, 1), (world, 1), (hadoop, 1)
// Reducer2 输入：
(mapreduce, 1)
```

Partitioner 任务可以将输入内容分配到不同的 Reduce 任务中进行处理。

5. Shuffle 操作

在 WordCount 中，Shuffle 操作是 MapReduce 任务流的关键步骤之一。在这个阶段，Map 任务的输出数据会按照中间键值对的键进行排序和分组，然后将每个键值对分配到对应的 Reduce 任务中。

6. Reduce 任务处理

在 WordCount 的 Reduce 任务中，每个 Reduce 任务会对分配给它的中间键值对进行聚合计算，并将最终的结果写入存储设备中。Reduce 任务的输出是最终的计算结果。

例如，在 WordCount 中，Reduce 任务可以对分配给它的中间键值对进行计数，如下。

```
// Reducer1 输入：(hello, [1, 1, 1])，(world, [1])，(hadoop, [1])
// Reducer1 输出：
(hello, 3)，(world, 1)，(hadoop, 1)
// Reducer2 输入：(mapreduce, [1])
// Reducer2 输出：
(mapreduce, 1)
```

7. 写入输出数据

写入输出数据是 MapReduce 任务流的最后一步。在 WordCount 中，Reduce 任务的输出数据会被写入存储设备中，以便后续的数据处理和使用。

总之，WordCount 在 MapReduce 任务流中的运行过程包括读取输入数据、Map 任务处理、Combiner 任务处理（可选）、Partitioner 任务处理、Shuffle 操作、Reduce 任务处理和写入输出数据等。这个过程是 MapReduce 任务流的一个典型例子，也是理解 MapReduce 编程模型的重要基础。

5.4 YARN 概述

Apache Hadoop 另一种资源协调者（YARN）是一种通用的 Hadoop 资源管理器调度平台。YARN 的基本思想是将作业跟踪器（JobTracker）的两个主要功能（资源管理和作业调度/监控）分离，主要方法是创建一个全局的 RM（资源管理器）和若干个针对应用程序的 AM（应用程序管理器）。这里的应用程序是指传统的 MapReduce 作业或作业的有向无环图（DAG）。

在 Hadoop 1.x 版本中，MapReduce 是 Hadoop 的核心计算框架，它在 Hadoop 集群中扮演着重要的角色。然而，Hadoop 1.x 版本的 MapReduce 存在如下缺点。

① 无法支持多种计算框架：MapReduce 是 Hadoop 1.x 版本中唯一的计算框架，这意味着 Hadoop 无法支持其他类型的计算框架，例如 Storm、Spark 等。

② 无法支持实时计算：Hadoop 1.x 版本的 MapReduce 是基于批处理的计算框架，无法支持实时计算任务，这限制了 Hadoop 在某些场景下的应用。

③ 资源利用率低：在 Hadoop 1.x 版本中，MapReduce 和 HDFS 是两个独立的组件，这意味着它们不能够共享节点上的资源，这导致了资源利用率的低下。

为了解决这些问题，Hadoop 社区在 Hadoop 2.0 版本中引入了 YARN。YARN 的出现主要是为了解决 MapReduce 的局限性，将 MapReduce 从资源管理中解耦出来，同时将 Hadoop 转变为更通用的数据处理平台。

引入 YARN 后，Hadoop 可以支持多种计算框架，例如 Storm、Spark 等，使得 Hadoop 可以更好地应对多样化的数据处理需求。此外，YARN 还可以支持实时计算任务，从而使得 Hadoop 可以应用于更多的场景。最重要的是，YARN 还可以提高资源利用率，因为它可以将 MapReduce 和 HDFS 等组件整合在一起，共享节点上的资源，从而提高资源利用率。

总之，引入 YARN 是为了解决 Hadoop 1.x 版本中 MapReduce 的局限性问题，使得 Hadoop 可以更好地应对不同的数据处理需求，并提高资源利用率。

5.5　YARN 的基本框架

YARN 采用 Master/Slave 结构，在整个资源管理框架中，RM 为 Master，NM（节点管理器）是 Slave。RM 负责对各个 NM 上的资源进行统一管理和调度。当用户提交一个应用程序时，需要提供一个用于跟踪和管理这个程序的 AM，它负责向 RM 申请资源，并要求 NM 启动可以占用一定资源的任务。由于不同的 AM 被分布到了不同的节点上，所以它们之间不会相互影响。YARN 的基本框架如图 5-12 所示。

RM 是 Master 上一个独立运行的进程，负责集群统一的资源管理、调度、分配等；NM 是 Slave 上一个独立运行的进程，负责上报节点的状态；AM 和 Container 是运行在 Slave 上的组件，Container 是 YARN 中分配资源的一个单位，包含内存、CPU 等资源，YARN 以 Container 为单位分配资源。

客户向 RM 提交的每一个应用程序都必须有一个 AM，它经过 RM 分配资源后，运行于某一个 Slave 节点的 Container 中，完成具体任务，同样也运行于某一个 Slave 节点的 Container 中。RM、NM、AM 乃至普通的 Container 之间的通信都采用 RPC 机制。YARN 的架构设计使其越来越像是一个云操作系统及数据处理操作系统。

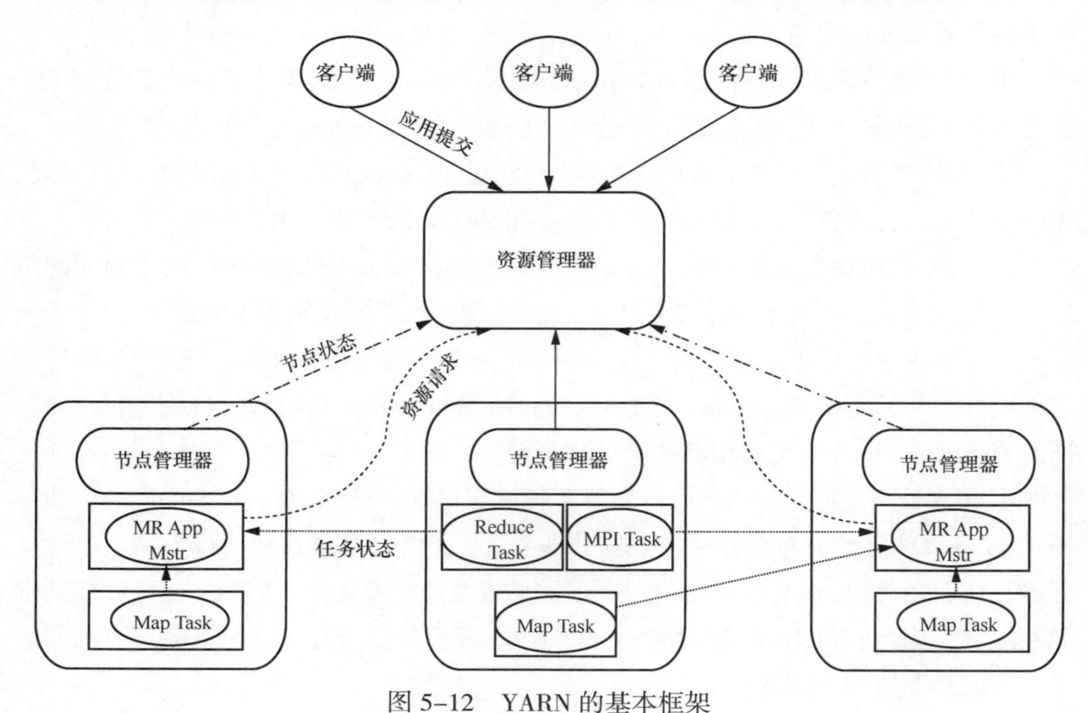

图 5-12 YARN 的基本框架

1. RM 进程

RM 管理计算程序的资源分配调度，即这个实体控制整个集群并管理应用程序对基础计算资源的请求和分配。它处理来自客户端的提交应用程序的请求，并启动相应的 AM 来管理这些应用程序。RM 通过其内部的调度器（Scheduler）精心安排资源（计算、内存、带宽等）给 YARN 的节点代理（NM）。RM 还与 AM 一起分配资源，与 NM 一起启动和监视它们的基础应用程序。在此上下文中，AM 承担了以前的 TaskTracker 的一些角色，RM 承担了 JobTracker 的角色。总的来说，RM 有以下作用：①处理客户端请求；②启动或监控 AM；③监控 NM；④资源的分配与调度。

（1）调度器

调度器根据容量、队列等限制条件（如每个队列分配一定的资源，最多执行一定数量的作业等），将系统中的资源分配给正在运行的各个应用程序。需要注意的是，这里所指的调度器是一个“纯调度器”，它不再从事任何与具体应用程序相关的工作，如不负责监控或者跟踪应用的执行状态，也不负责重新启动因应用执行失败或者硬件故障产生的失败任务，这些均交由与应用程序相关的 AM 完成。调度器仅根据各个应用程序的资源需求进行资源分配，而资源分配单位用一个抽象概念——资源容器（Resource Container）表示。Container 是一个动态资源分配单位，它将内存、CPU、磁盘、网络等资源封装在一起，从而限定每个任务使用的资源量。此外，调度器是一个可插拔的组件，用户可根据自己的需要设计新的调度器，YARN 提供了多种直接可用的调度器，如 Fair Scheduler 和 Capacity Scheduler 等。

（2）应用程序管理器

在 YARN 中，每个应用程序都有自己的 AM，负责管理该应用程序的整个生命周期。AM 负责应用程序的提交过程的一部分，与 RM 的调度器协商资源以启动和执行应用程序的任务，监控应用程序和任务的运行状态，并在需要时采取恢复措施。

2. NM 进程

NM 负责管理 YARN 集群中每个节点的资源和服务。其关键职责包括：①监控并管理节点上的资源，确保其被高效利用；②全生命周期管理分配给应用程序的容器，这些容器作为抽象的资源单位，封装了 CPU、内存等，支持特定应用的需求；③跟踪节点健康状况，并定期向 RM 报告节点资源使用情况及容器运行状态（如 CPU 和内存利用率）；④响应 RM 发出的指令，如资源分配或回收请求；⑤执行来自 ApplicationMaster （AM）的命令，以调度和调整应用程序内的任务。

相较于 MapReduce v1（MRv1）通过固定插槽来安排 Map 和 Reduce 任务，YARN 引入的 Container 模型提供了一种更为灵活和高效的资源管理模式，去除了槽位的限制，允许动态调整以适应不同应用的资源需求。

3. AM 进程

AM 管理 YARN 内运行的应用程序的每个实例。AM 负责协调来自 RM 的资源，通过 NM 监视容器的执行和资源使用，并在任务运行失败时，重新为任务申请资源来重启任务。请注意，尽管目前的资源更加传统，但未来会带来基于手头任务的新资源（如图形处理单元或专用处理设备）。从 YARN 的角度来看，AM 作为用户自定义的组件，其运行包含潜在的安全考量，因为错误或恶意行为可能导致系统不稳定。因此，YARN 实施了一系列安全策略来限制 AM 的权限并确保安全隔离。总的来说，AM 有以下作用：①根据应用需求向 RM 申请必要的资源；②资源分配管理，即，将获得的资源（容器）分配给应用程序内的各个任务；③执行任务的监控、协调以及在遇到失败时触发容错恢复流程，以确保应用程序的正常执行。

4. YARN 的资源表示模型 Container

Container 是 YARN 中的资源抽象，它封装了某个节点上的多维度资源，如内存、

CPU、磁盘、网络等，当 AM 向 RM 申请资源时，RM 向 AM 返回的资源是用 Container 表示的。YARN 会为每个任务分配一个 Container，且该任务只能使用该 Container 中描述的资源。需要注意的是，Container 不同于 MRv1 中的 Slot，它是一个动态资源划分单位，是根据应用程序的需求动态生成的。到目前为止，YARN 仅支持 CPU 和内存两种资源，且使用了轻量级资源隔离机制 Cgroups 进行资源隔离。Container 的功能有：①对 Task 环境的抽象；②描述一系列信息；③集合任务运行资源（CPU、内存、I/O 等）；④优化任务的运行环境。

要使用一个 YARN 集群，首先需要来自包含一个应用程序的客户请求。RM 协商一个容器的必要资源，启动一个 AM 来表示已提交的应用程序。通过使用一个资源请求协议，AM 协商每个节点上供应用程序使用的资源容器。执行应用程序时，AM 监视容器直到完成。应用程序完成时，AM 从 RM 注销其容器，执行周期就结束了。

5.6 YARN 的工作流程

运行在 YARN 上的应用程序主要分为两类：短应用程序和长应用程序。短应用程序是指一定时间内可运行完成并正常退出的应用程序，如 MapReduce 作业、Spark DAG 作业等。长应用程序是指不出意外，永不终止运行的应用程序，通常是一些服务，如 Storm Service（包括 Nimbus 和 Supervisor 两类服务）、HBase Service（包括 HMaster 和 RegionServer 两类服务）等，而它们本身作为一种框架提供编程接口供用户使用。尽管这两类应用程序作业不同，一类直接运行数据处理程序，一类用于部署服务（服务之上再运行数据处理程序），但运行在 YARN 上的流程是相同的。

当用户向 YARN 提交一个应用程序后，YARN 将分两个阶段运行该应用程序。第一阶段是启动 AM，第二阶段是由 AM 创建应用程序，为应用程序申请资源，并监控应用程序的整个运行过程，直到运行完成。YARN 的工作流程如图 5-13 所示，具体执行过程如下。

1. 作业提交

Client 调用 job.waitForCompletion 方法，向整个集群提交 MapReduce 作业（第 1 步）；资源管理器分配新的作业 ID（应用 ID）（第 2 步）；作业的 client 核实作业的输出，计算输入的 split，将作业的资源（包括 Jar 包、配置文件、split 信息）复制给 HDFS（第 3 步）；最后调用资源管理器的 submitApplication()来提交作业（第 4 步）。

2. 作业初始化

当资源管理器收到 submitApplication()的请求时，将该请求发给调度器，调度器分配 Container，然后资源管理器在该 Container 内启动应用管理器进程，由节点管理器监控该进程（第 5a 步和 5b 步）；MapReduce 作业的应用管理器是一个主类为 MRApp Master 的 Java 应用，其通过创造一些 bookkeeping 对象来监控作业的进度，得到任务的进度和完成报告（第 6 步）；然后其通过分布式文件系统得到由客户端计算好的输入 split（第 7 步），为每个输入 split 创建一个 Map 任务，根据 mapreduce.job.reduces 创建 Reduce 任务对象。

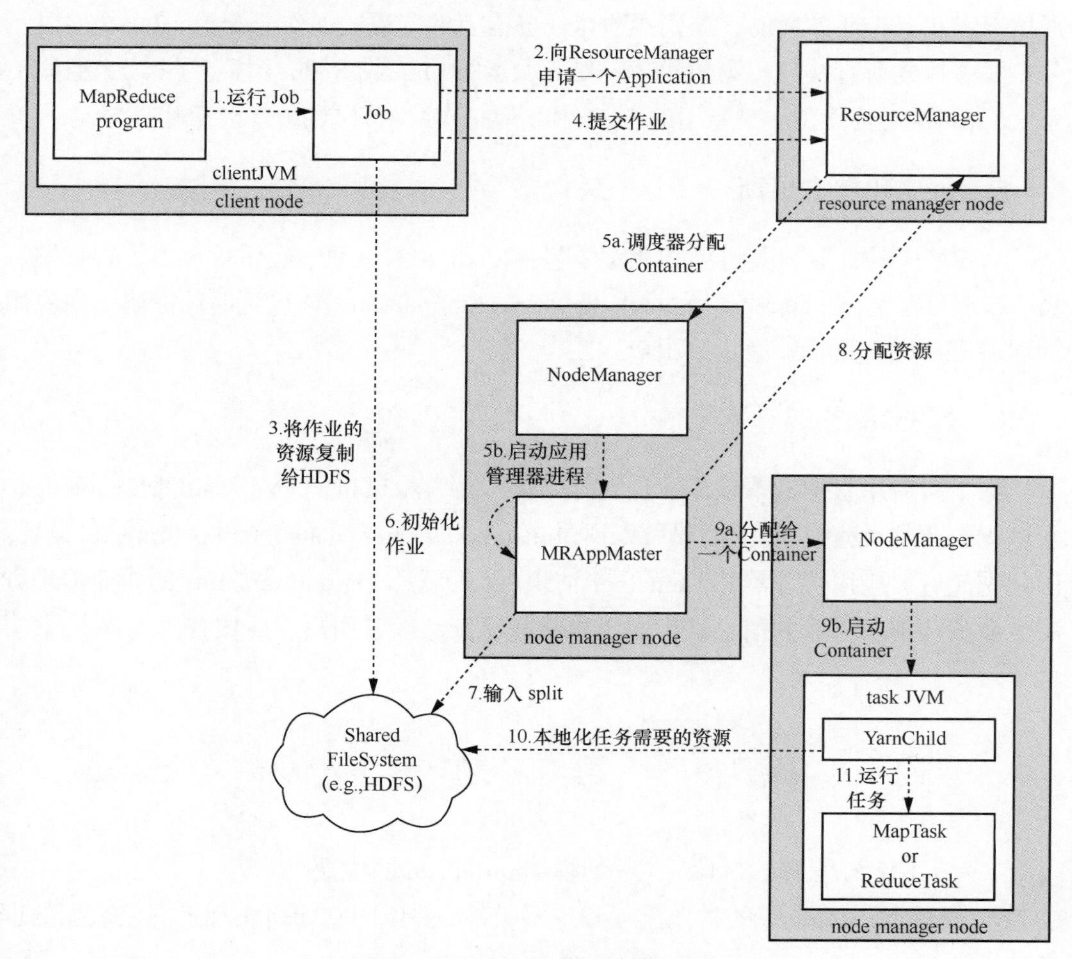

图 5–13　YARN 的工作流程

3. 任务分配

如果作业的计算量很小，应用管理器会选择在其自己的 Java 虚拟机（JVM）中运行任务。如果不是小作业，那么应用管理器向资源管理器请求 Container 来运行所有的 Map 和 Reduce 任务（第 8 步）。这些请求是通过心跳来传输的，请求信息包括每个 Map 任务的数据位置，如存放输入 split 的主机名和机架。调度器利用这些信息来调度任务，尽量将任务分配给存储数据的节点，或者退而分配给与存放输入 split 的节点处于相同机架的节点。

4. 任务运行

当一个任务由资源管理器调度分配给一个 Container 后，应用管理器联系节点管理器来启动 Container（第 9a 步和 9b 步）；任务由一个主类为 YarnChild 的 Java 应用来执行，在运行任务之前，首先本地化任务需要的资源，如作业配置、Jar 文件以及分布式缓存的所有文件（第 10 步）；最后，运行 Map 或 Reduce 任务（第 11 步）。

YarnChild 运行在一个专用的 JVM 中，但是 YARN 不支持 JVM 重用。

5. 进度和状态更新

YARN 中的任务将其进度和状态（包括 Counter）返回给应用管理器，客户端每隔一段时间（通过 mapreduce.client.progressmonitor.pollinterval 设置时间间隔）向应用管理器请求进度更新，展示给用户。

6. 作业完成

除了向应用管理器请求作业进度外，客户端每隔 5min 就调用 waitForCompletion() 来检查作业是否完成。时间间隔可以通过 mapreduce.client.completion.pollinterval 设置。作业完成后，应用管理器和 Container 清理工作状态，OutputCommiter 的作业清理方法也会被调用。作业的信息被作业历史服务器存储以备用户之后核查。

习 题

1. 简述什么是 MapReduce，并列举 MapReduce 的优缺点。

2. 解释 MapReduce 的工作流程和主要组件，并说明它如何实现大规模数据处理和并行计算。

3. 简述什么是 YARN。

4. YARN 的核心组件是什么？

第6章 分布式数据库技术——HBase

主要内容

HBase 是一个基于 Hadoop 的分布式列式存储系统，是一种分布式、可扩展、支持海量数据存储的 NoSQL 数据库。它可以存储非结构化和半结构化的大数据，具有高可用性、高扩展性、高性能等特点，常用于大规模实时数据处理。本章分别对 NoSQL、HBase 数据库的基本概念、表视图、操作等进行详细介绍。

6.1 海量数据与 NoSQL

NoSQL 泛指非关系数据库，其最大的特征就是数据存储不需要一个特定的模式，并且具有强大的水平扩展能力。

6.1.1 关系数据库的局限

关系数据库是指采用了关系模型来组织数据的数据库，其以行和列的形式存储数据，以便于用户理解。关系数据库这一系列的行和列被称为表，一组表组成了数据库。用户通过查询来检索数据库中的数据，而查询是一个用于限定数据库中某些区域的执行代码。关系模型可以简单理解为二维表格模型，而一个关系数据库就是由二维表及其之间的关系组成的一个数据组织。

传统的数据处理主要依赖于关系数据库，如 MySQL 和 Oracle。然而，当面对大规模数据存储时，这些数据库的性能显得力不从心。特别是在高并发操作和海量数据统计运算的应用中，关系数据库的性能显著下降。关系数据库采用结构化方法存储数据，要求先定义表结构，然后存入数据。这种方式确保了数据的稳定性和可靠性，但一旦存入数据，修改表结构会变得非常困难。为了避免数据重复、实现规范化以及优化存储空间，关系数据库将数据以最小关系表的形式存储。这使得单张数据表的管理变得清晰简单。然而，当涉及多张表时，由于表间关系的复杂性，数据管理变得越来越复杂。关系数据库强调数据的一致性，并因此牺牲了部分读/写性能。尽管其在存储和处理数据的可靠性方面表现良好，但在处理海量数据时，效率下降，尤其在高并发读/写时性能下降得更为显著。

大数据时代的数据特点包括规模大、增长快、格式多样，因此，传统的关系数据库已不能满足新的需求。这些数据库在处理大规模数据时显得力不从心，尤其是在高并发和海量数据统计运算的场景下。所以，我们需要寻找新的数据处理方式来满足大数据时代的需求。

6.1.2 CAP 理论

CAP 定理又被称为布鲁尔定理，是加州大学伯克利分校的计算机科学家埃里克·布鲁尔于 2000 年的 ACM PODC 上提出的一个猜想。2002 年，麻省理工学院的赛斯·吉尔伯特和南希·林奇发表了布鲁尔猜想的证明，使之成为分布式计算领域公认的一个定理。

该定理指出一个分布式系统最多只能同时满足一致性（Consistency）、可用性（Availability）和分区容忍性（Partition Tolerance）这 3 项中的两项，如图 6-1 所示。一致性是指对某个指定的客户端来说，读操作保证能够返回最新的写操作结果。可用性是指非故障的节点在合理的时间内返回合理的响应不是错误和超时的响应。分区容忍性是指当出现网络分区以后，系统能够继续履行职责。

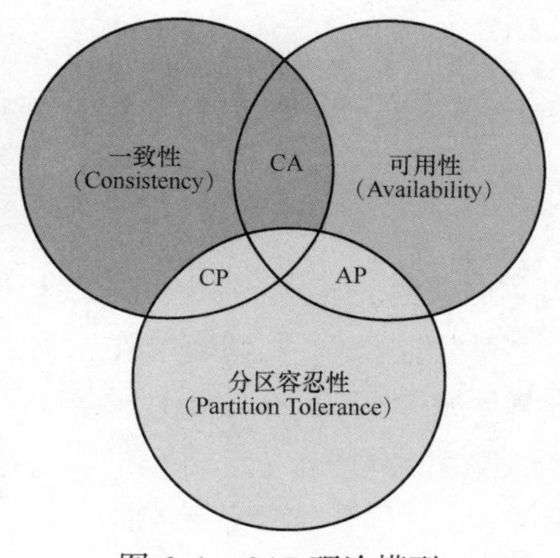

图 6-1　CAP 理论模型

一个数据存储系统往往无法同时满足以上 3 个特性，只能同时满足其两个特性，也就是 CA、CP、AP。因此，现有的数据存储解决方案都可以归类为上述 3 种类型。

① CA 类型的数据存储方案注重数据的一致性和高可用性，但缺乏可扩展性。传统的关系数据库，如 Oracle 和 MySQL 的单节点版本，往往属于这一类。它们能够确保数据的一致性和高可用性，但在面对数据量不断增加的情况下，扩展性成了一个问题。

② CP 类型的数据存储方案则强调数据一致性和分区容忍性。例如，Oracle RAC 和 Sybase 集群属于此类。虽然 Oracle RAC 在一定程度上具备扩展性，但当节点数量增加到一定程度时，其性能（即可用性）会迅速下降。此外，节点之间的网络开销仍然存在，需要实时同步各个节点的数据。

③ AP 类型的数据存储方案在性能和可扩展性方面表现较好，但在数据一致性方面可能有所妥协。各节点之间的数据同步可能不够迅速，但能确保数据的最终一致性。目前热门的 NoSQL 数据库大多属于典型的 AP 类型数据库。它们注重性能和

可扩展性，在应对大规模数据处理时具有一定的优势，但可能在数据一致性方面存在一定的时延或牺牲。

6.1.3 NoSQL

NoSQL 的全称为“Not only SQL”，是一个概念性的术语，表示非关系数据库。与 RDBMS 相比，NoSQL 数据库具有易扩展、高性能、高可用、灵活等优点。NoSQL 数据库种类繁多，它们的共同特性是都去掉了关系数据库的关系特性，数据与数据之间没有关系，进而为架构层面带来了极大的扩展性。NoSQL 数据库都具有非常高的读/写性能，尤其是在处理庞大数据时表现优秀。此外，这些数据库能够随时存储各种类型的数据，无须预定义字段，这在关系数据库中往往是一个复杂且耗时的过程。更为重要的是，NoSQL 数据库在维持高性能的同时，可以轻松地实现高可用性架构，如 Cassandra、HBase 模型，通过复制模型也能实现高可用。

NoSQL 整体框架分为 4 层，由下至上分别为数据持久层、整体分布层、数据逻辑模型层和接口层，层次之间相辅相成，共同确保数据库的高效运行。

NoSQL 的优势及特点具体如下。

① 易扩展。NoSQL 数据库种类繁多，它们共同的特点就是去掉了关系数据库的关系型特性，数据之间无关系，这样就非常容易扩展。

② 高性能。NoSQL 数据库都具有非常好的读/写性能，尤其在大数据量下，同样表现优秀。这得益于它们的无关系性，数据库的结构简单。

③ 灵活的数据模型。NoSQL 无须事先为要存储的数据建立字段，随时可以存储自定义的数据格式。而在关系数据库里，增删字段是一件非常麻烦的事情。如果是非常大数据量的表，增加字段会非常复杂且消耗时间，这点在大数据量的 Web 2.0 时代尤其明显。

④ 高可用。NoSQL 在不太影响性能的情况下可以方便地实现高可用的架构，比如 Cassandra、HBase 模型，通过复制模型也能实现高可用。

然而，这并不意味着 NoSQL 数据库已经全面超越了关系数据库。例如，HBase 等 NoSQL 数据库在处理多行事务时可能会显得力不从心。此外，基于 LSM（日志结构合并树）存储模型的 NoSQL 数据库可能需要读取多个文件来获取所需数据，这可能会在一定程度上牺牲读取性能。

因此，NoSQL 数据库并不是在所有场景下都是最佳选择。但在数据模型简单、对灵活性要求高、对数据库性能要求高、不需要高度数据一致性等场景下，NoSQL 数据库表现出了其独特的优势。在这些场景下，NoSQL 数据库可以作为关系数据库的有力补充，提供更高的数据处理效率和更大的灵活性。

6.2　HBase 简介

传统的数据处理主要使用关系数据库（MySQL、Oracle 等）来完成，不过关系数据库在面对大规模的数据存储时明显力不从心，如在有关高并发操作和海量数据统计运算的应用中，关系数据库的性能就明显下降。

在大数据时代，由于数据规模大、增长快、格式多样，传统的关系数据库已经无法满足新的需求。因此，非关系数据库逐渐成为主流选择。为了进一步拓展数据库的存储潜力，Google 公司研发了 BigTable，它是 HBase 的原型。

HBase 是一个开源的、非关系型的分布式数据库，使用 Java 编程语言实现。它参考了 Google 公司的 BigTable 数据建模白皮书，并作为 Apache 软件基金会的 Hadoop 项目的一部分，运行在 HDFS 之上，为 Hadoop 提供类似于 BigTable 的规模服务。HBase 以容错方式存储海量稀疏数据，是一个高可靠、高性能、面向列、可伸缩的分布式数据库。它主要用于存储非结构化和半结构化的松散数据，并设计用于处理超大规模的表。通过水平扩展的方式，HBase 可以利用计算机集群处理由数十亿行数据和数百万列元素组成的数据表。HBase 还支持线性和模块化扩展，并通过添加托管在商用服务器上的 RegionServer 进行扩展。例如，当一个集群从 10 台 RegionServer 扩展到 20 台时，其存储和处理能力将会翻倍。这种灵活性使得 HBase 成为处理大规模数据的理想选择。

随着计算机科技的飞速发展，电子设备日益普及，且价格逐渐亲民。手机、智能家居设备、网络摄像头、智能汽车等，不断生成海量的数据。全球数据量的飞速增长，为大数据行业奠定了坚实基础。市场调研机构预测，全球每年数据量增长率将超过 50%，甚至某些大型企业，每日甚至每小时都能产生 TB、PB 级别的数据。预计到 2025 年，全球数据总量将超越 175ZB 的惊人规模。

尽管这些数据可能难以存储和分析，但它们往往蕴含着巨大的商业价值。以阿里巴巴为例，其用户行为数据对于在线广告和推荐系统至关重要。当你在淘宝网搜索一款手机后，客户端会立即为你推荐手机广告。这种个性化广告策略，即所谓的“千人千面”，极大地提高了广告转化率。

在分布式数据库系统出现之前，由于缺乏有效且低成本的数据存储手段，许多企业不得不忽略某些数据源。这导致在需要这些数据时，企业无法找到适当的源数据进行筛选。即使采用低成本存储方式，如廉价磁带或磁盘，也往往因为缺乏有效的数据处理手段，而无法充分发挥数据的价值。

传统系统在面对非结构化数据（如办公文档、文本、音频、图片、用户行为等）

和半结构化数据时，存储和分析显得力不从心。将这些数据存储在关系数据库中进行分析，将耗费大量时间和金钱。以淘宝网用户行为数据为例，其每天产生的数据量达到上百亿字节甚至更多。如果使用 MySQL 存储这些数据，按照每个表存储 4000 万行数据计算，每天产生的数据需要 MySQL 分表 100 个以上。可想而知，这对于运维和开发人员来说是多么巨大的工作量。因此，采用新的数据处理技术和架构来应对大数据的挑战就尤为重要。

Google 内部的 GFS 和 MapReduce 技术成功解决了大规模数据的存储和分析问题。基于 Google 所描述的使用商业硬件集群构建分布式、可扩展的存储和处理系统的思想，开源社区推出了 Hadoop 项目，其包含两个核心模块：HDFS 和 MapReduce。

HDFS 非常适合存储任意类型的非结构化或半结构化数据。它的分布式架构和简易的扩展方式使其能提供近乎“无限”的存储支持，同时，由于其可以部署在普通的商业机器集群上，因此存储成本相对较低。MapReduce 则能帮助用户在需要时利用集群中每台机器的处理能力，以“分而治之”的方式，对这些数据进行高效分析，具备了处理海量数据的核心能力。

尽管 GFS 和 MapReduce 提供了大量数据的存储和分析处理能力，但它们对实时数据的随机存取却无能为力。而且，GFS 更适合存储少量的大文件，而不适合存储大量的小文件，因为大量的小文件最终会导致元数据的膨胀，可能无法全部装入主节点的内存。为解决这些问题，Google 在 2006 年发表了一篇名为 *Bigtable: A Distributed Storage System for Structured Data* 的论文，该论文成了 HBase 的起源。HBase 实现了 BigTable 的架构，其包括压缩算法、内存操作和布隆过滤器等技术，弥补了 Hadoop 的缺陷，使 Hadoop 生态系统更为完善。目前，HBase 得到了广泛应用，例如 Facebook 的消息平台、小米的云服务、阿里的 TLog 等。

1. HBase 的重要特征

（1）强一致性

HBase 虽然具有读/写强一致性的特征，但数据存储不是“最终一致性”，所以它非常适用于高效计算、聚合之类的任务。

（2）Hadoop 集成

HBase 支持开箱即用的 HDFS 作为其分布式文件系统。

（3）故障转移

HBase 支持自动的 RegionServer 故障转移。

（4）自动分片

HBase 中的表通过 Region 分布在集群上，而且 Region 会随着数据的增长自动拆分和重新分布。

（5）并行处理

HBase 支持通过 MapReduce 进行大规模并行处理，将 HBase 用作源和接收器。

（6）块缓存和布隆过滤器

HBase 支持用于大容量查询优化的块缓存和布隆过滤器。

（7）多种语言的 API

HBase 支持使用 Java 的 API 编程进行数据的存取，还支持使用 Thrift 语言和 REST 语言的 API 编程进行数据的存取。

2. HBase 与关系数据库的区别

（1）数据类型

关系数据库采用关系模型，具有丰富的数据类型和存储方式；HBase 采用了更加简单的数据模型，把数据存储为未经解释的字符串。

（2）数据操作

关系数据库中包含了丰富的操作，其中包含了复杂的多表连接等；HBase 操作不存在复杂的表与表之间的关系，只有简单的插入、查询、删除、清空等，因为 HBase 在设计上就避免了表和表之间的复杂关系。

（3）存储模式

关系数据库是基于行模式存储的；HBase 是基于列模式存储的，每个列族都由几个文件保存，不同列族的文件是分离的。

（4）数据索引

关系数据库通常可以针对不同列构建复杂的多个索引，以提高数据的访问性能。HBase 通过巧妙的 RowKey 设计实现了唯一的索引。HBase 的所有访问方式都依赖于 RowKey（通过 RowKey 访问或者通过 RowKey 扫描），从而确保了系统的高效运行，不会因为访问方式的不同而影响速度。

（5）数据维护

在关系数据库中，更新操作会用最新的当前值去替换记录中原来的旧值，旧值被覆盖后就不存在了；HBase 执行更新操作时，并不会删除旧值，而是生成一个新值，旧值仍然保留。

（6）可伸缩性

关系数据库很难实现横向扩展，纵向扩展的空间也比较有限；HBase 是为了实现灵活的水平扩展而开发的，所以能够通过在集群中增加或者减少硬件数量的方式轻松实现性能的灵活变化。

6.3 HBase 表视图

HBase 的数据模型与传统数据库相比更加灵活，使用之前无须预先定义一个所谓的表模式，同一个表中不同行的数据可以包含不同的列，而 HBase 对列的数量并没有限制。当然如果一行包括太多的列，就会对性能产生负面影响。HBase 很适合存储不确定列、不确定大小的半结构化数据。

6.3.1 HBase 逻辑视图

HBase 是一个键值（Key-Value）型数据库。HBase 数据行可以类比成一个多重映射（Map），通过多重的键（Key）一层层递进从而定位一个值（Value）。因为 HBase 数据行列值可以是空白的（这些空白列是不占用存储空间的），所以 HBase 存储的数据是稀疏的。

下面解释一下与 HBase 逻辑模型相关的名词。

① 表：HBase 中的表与关系数据库中的表类似，是数据行的集合。每个表都有一个唯一的表名，并以字符串形式表示。一个表可以包含一个或多个分区，这些分区用于数据的分布式存储和管理。

② 行键：用于标识 HBase 表中唯一数据行的标识符。它以字节数组的形式存储，类似于关系数据库中的主键，不同之处在于，从底层存储的角度来看，行键并不能唯一标识一行数据，因为 HBase 数据行可以有多个版本。然而，在默认情况下，如果不指定版本或数据时间戳，行键可以用于获取当前最新生效的数据行。因此，从用户的角度来看，行键是唯一标识一行数据的。此外，行键也是 HBase 表中最直接和高效的索引，表中的数据按行键的字典序进行排序。

③ 列族：HBase 是一个列式存储数据库，数据按列族进行存储。每个列族都有一个存储仓库（Store），而每个 Store 包含多个存储文件（StoreFile），用于存储实际数据。列族是 HBase 数据模型中的重要概念，它允许对数据进行灵活的组织和访问。

④ 列限定符：在每个列族中，可以使用任意数量的列限定符来标识不同的列。这类似于关系数据库表中的列。与关系数据库不同的是，列不需要在表创建时指定，可以在需要时动态添加。

⑤ 单元格：是 HBase 数据的存储单元，由行键、列族、列限定符、时间戳和类型确定。它以字节码的形式存储，并标识数据的具体位置和内容。单元格的类型可以是 Put、Delete 等，用于标识数据的状态（有效或删除）。

⑥ 版本：在 HBase 中，数据写入后是不可修改的。当执行 Put 等操作时，数据会先被写入预写日志（WAL），然后被存入内存仓库（MemStore）中。在内存中，数据按行键排序，以便高效访问。当条件满足时，MemStore 中的数据会刷新到磁盘的存储文件中。由于数据已经排序，因此可以顺序写入磁盘，从而提高写入效率。然而，这也会导致数据存在多个版本的问题。每个数据版本都有一个时间戳，用于标识数据的写入时间。

⑦ 分区：当表的数据量过大时，HBase 使用分区来提高数据的可用性和扩展性。分区是集群中的最小单元，用于实现高可用性、动态扩展和负载均衡。一个表可以分为多个分区，并且这些分区可以均衡地分布在集群中的每台机器上。分区按行键进行分片，可以在表创建时预先分片，也可以在需要时通过 HBase shell 命令行或 API 动态分片。

⑧ 数据坐标：在传统的关系数据库中，使用行和列两个维度就可以确定唯一数据。然而，HBase 中需要使用 4 个维度，即行键、列族、列限定符和时间戳来定位数据。这种四维坐标定位方式提供了更灵活和高效的数据访问能力。

举例来说，图 6-2 展示了几位用户的个人信息在 HBase 表中的存储方式。行键可以定位到特定的数据行，列族用于定位到列族文件，列限定符用于定位到数据的某一列（即某个键值对），时间戳用于定位到键值对的特定时间版本数据。这种数据结构的设计使得 HBase 能够高效地存储和查询大量数据。

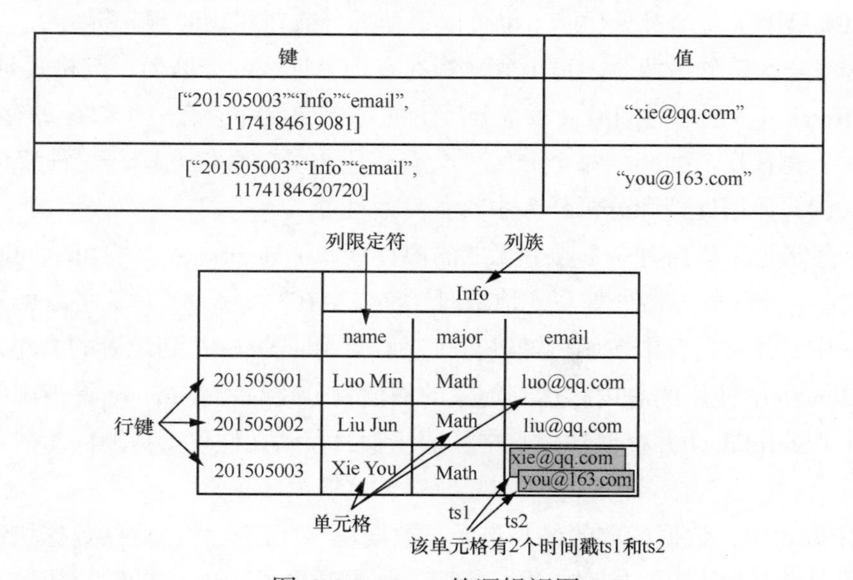

键	值
[“201505003”“Info”“email”, 1174184619081]	“xie@qq.com”
[“201505003”“Info”“email”, 1174184620720]	“you@163.com”

图 6-2　HBase 的逻辑视图

6.3.2　HBase 物理视图

HBase 是一种列式存储数据库，其数据存储方式以列族为聚簇，并将其保存在存储文件中。该数据库具有优化存储的特性，空白的列单元格将不被存储。

从图 6-3 中，我们可以观察到 HBase 的物理视图。在 HBase 中，表根据行键的范围被划分为不同的分区，这些分区被称为 Region。这些分区由分区服务器进行管理，并提供数据的读取和写入服务。主节点进程（HMaster）负责分区的分配，并在集群中进行迁移。

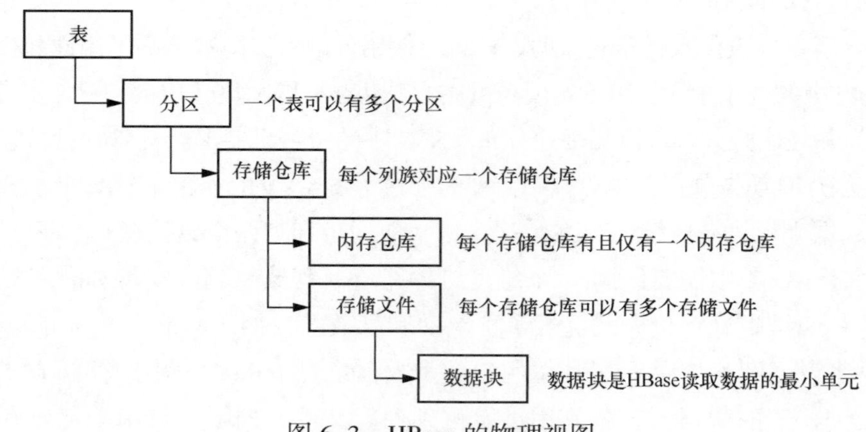

图 6-3 HBase 的物理视图

一个分区在任何时候都只能由一个分区服务器提供服务。当分区达到配置的大小后，如果启用了自动拆分功能（也可以手动拆分或在建表时预先拆分），分区服务器将负责将分区拆分为两个。每个分区都拥有一个唯一的分区名，其格式是“<v 表名，startRowKey，创建时间>”。每个分区下的每个列族都会有一个对应的存储仓库。因此，一个表有几个列族，每个分区就会有相应数量的存储仓库。这种架构设计使得 HBase 在大数据处理和分析任务中具备高效性能。

每个存储仓库都拥有一个独一无二的内存仓库（MemStore），它可以同时容纳多个存储文件。分区服务器处理写入请求时，首先会在写入 WAL 后，将数据变更写入 MemStore 中，并在内存中按照行键进行排序。当 MemStore 达到配置的大小，或集群中所有 MemStore 使用的总内存达到配置的阈值百分比时，MemStore 将被刷新为一个存储文件（StoreFile）并存储到磁盘中。请注意，存储文件仅支持顺序写入，不支持修改。

在 HBase 中，数据读取的最小单元是数据块。存储文件由这些数据块组成，数据块的大小可以在建表时按列族进行指定。如果开启了 HBase 的数据压缩功能，数据在写入存储文件之前会按数据块进行压缩，读取时则需要先对数据块解压后再放入缓存。在理想情况下，每次读取的数据大小应该是指定数据块的倍数，这样可以避免读取无效数据，从而提高读取效率。

HBase 的各模块交互如图 6-4 所示。HMaster 负责监控集群中的所有分区服务器进程（HRegionServer），并更新所有元数据。HMaster 还负责在分区服务器中进行负载均衡。在分布式集群中，HMaster 通常与 Hadoop 的 NameNode 运行在同一节点上。每个集群至少部署两个 HMaster 节点，一个作为活跃节点提供服务，另一个作为备用节点，以便在需要时提供快速的灾备切换，从而确保集群的高可用性。这种架构有助于保障数据的持久性和可靠性，同时优化了资源的利用和分配。

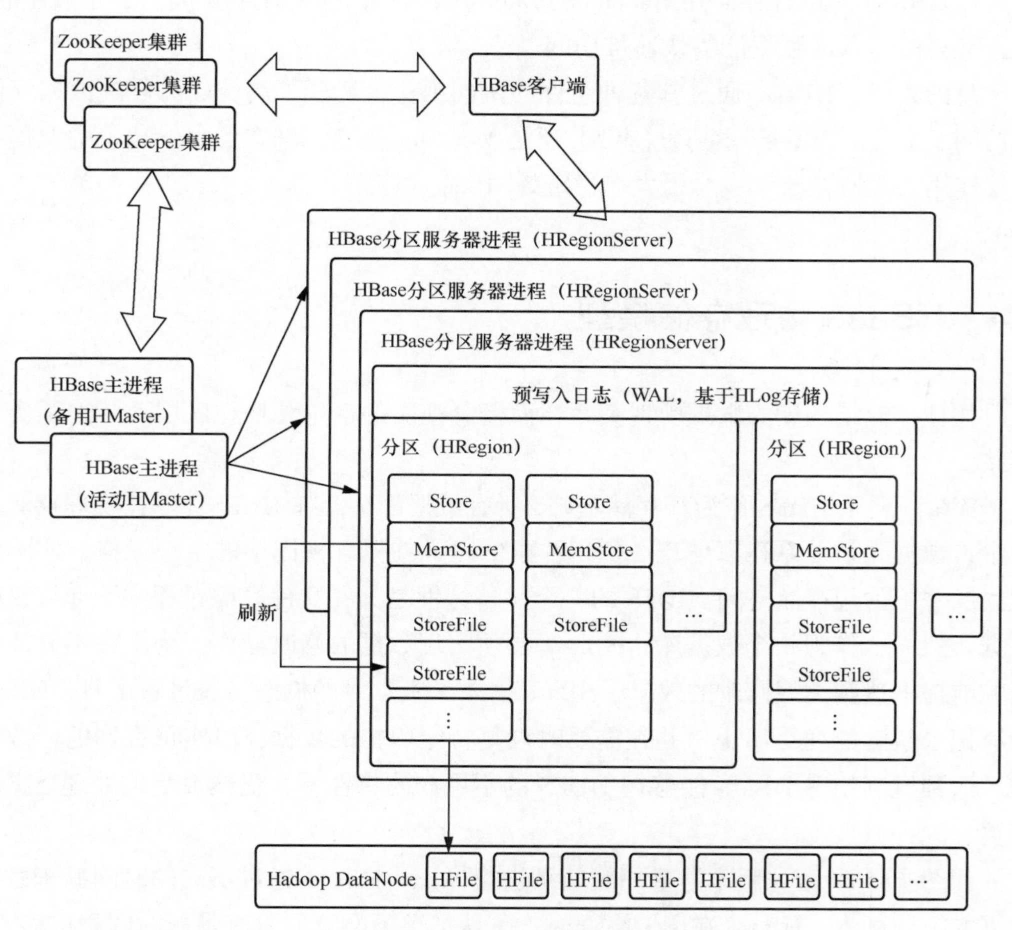

图 6-4　HBase 的模块交互

HRegionServer 是 HBase 中的核心进程，负责管理其所属的分区并处理相关的读/写请求。当分区数据量增长时，HRegionServer 还负责拆分分区以及进行分区数据的压缩。为了让数据读/写更加高效，HBase 客户端会缓存从 HMaster 获取的元数据，并与分区服务器直接交互，从而避免给 HMaster 带来压力。这种设计使得数据读/写操作更加快速，并且 HRegionServer 通常与 Hadoop 的 DataNode 同节点运行，进一步减少了网络请求，实现了本地读取的优化。

在数据恢复方面，WAL 发挥了重要作用。在默认情况下，每个分区服务器只有一个 WAL。当 HBase 客户端发起数据请求时，操作会首先写入 WAL，然后再写入 MemStore。这样，在分区服务器出现故障并重启时，HBase 可以通过 WAL 来恢复服务器的状态。

对于数据存储，每个分区的每个列族都对应一个 Store。这个 Store 包含一个 MemStore 和多个存储文件。当 MemStore 达到一定大小时，它会被刷新为一个存储文件，并以 HFile 的形式存储在 Hadoop 的 DataNode 中。这种设计不仅优化了写入性能，而且使得新写入的数据能够快速被访问。

总的来说，HBase 通过其各种组件的协同工作，实现了高效、可靠的数据存储和访问。无论是 HRegionServer、WAL 还是 MemStore，它们都在各自的角色中发挥着重要作用，共同构建了一个强大、稳定的 HBase 系统。

6.4 HBase 物理存储模型

物理存储结构即为数据映射关系，而概念视图的空单元格在底层实际上不会被存储。

HBase 利用 HDFS 作为其存储基础，所有数据都存储在 HDFS 上。在物理存储结构中，数据映射关系得以体现。值得注意的是，在概念视图中的空单元格，实际上在底层并不占用存储空间。HDFS 的一个显著特性是其在文件存储过程中不允许修改数据。然而，作为一个数据库，HBase 必须实现数据的修改操作。为了在不修改数据的前提下达到类似修改的效果，HBase 引入了版本号的概念。通过版本号，HBase 能够记录数据的变更历史，并在需要时恢复特定版本的数据，以实现数据的修改操作。这种机制使得 HBase 能够在 HDFS 的不可修改特性下，仍然灵活地处理数据的变更。

如图 6-5 所示，版本号采用时间戳进行标识，HBase 通过不同的时间戳来区分数据的不同版本。HBase 在读取数据时，默认情况下会读取具有最新时间戳的版本，即最新的数据版本。而时间戳的默认来源是当前系统的时间。

删除操作的操作类型被标记为 Delete Column，同样它也会有一个对应的时间戳版本号。例如，对于某一行 row_key1，如果先进行 put 操作，再进行 delete 操作，由于 delete 操作的版本号时间戳在后，它会被认为是新数据。因此，在进行数据检索时，系统会认为 row_key1 的数据已经被删除。这种通过时间戳版本号来管理删除操作的方式，能够清晰地跟踪数据的变更历史，并确保数据的一致性和准确性。

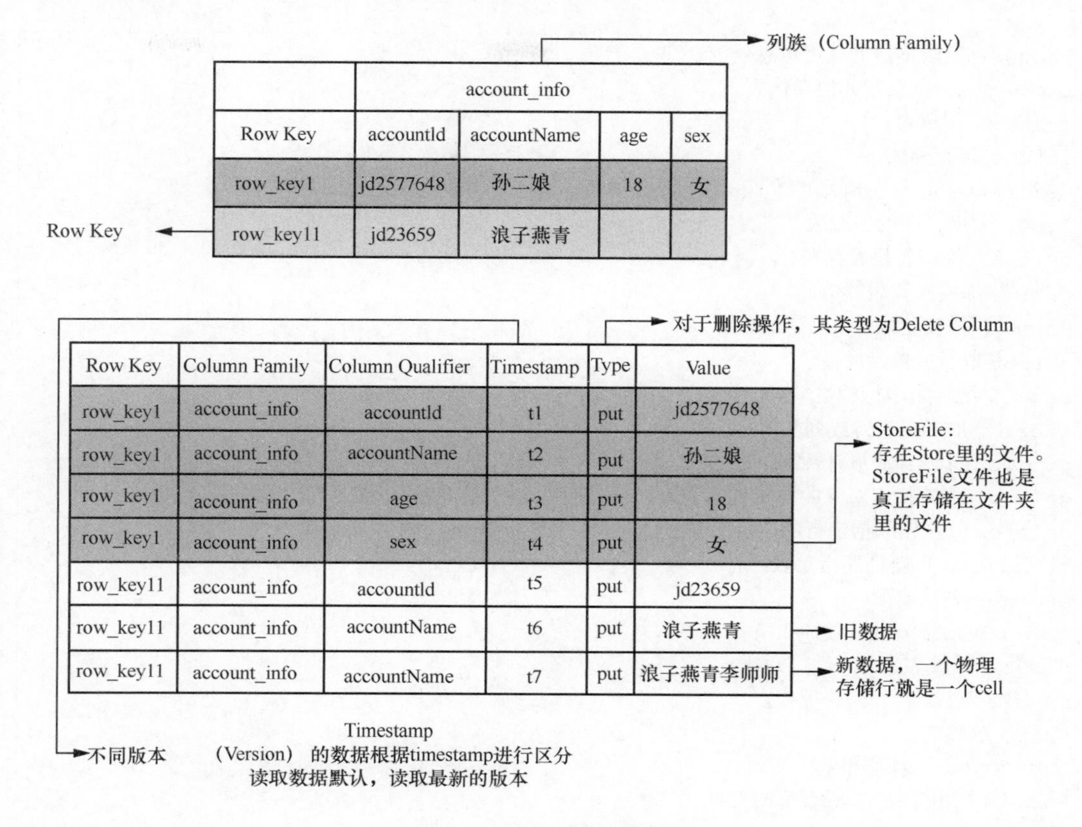

图 6-5 HBase 物理存储示例

6.5 HBase 的基本操作

HBase 提供了一个非常方便的命令行交互工具 HBase Shell。通过 HBase Shell，HBase 可以与 MySQL 命令行一样创建表、索引，也可以增、删、查数据，同时集群的管理、状态查看等也可以通过 HBase Shell 实现。

6.5.1 HBase Shell 的命令

HBase Shell 是官方提供的一组命令，用于操作 HBase。配置了 HBase 的环境变量以后，就可以在命令行中输入 HBase Shell 命令进入命令行。

以下是 HBase Shell 的一些常用命令。

```
Help'命令名'：查看命令的使用描述。
whoami：显示当前用户与组。
version：返回版本信息。
```

```
status：返回集群的状态信息。
table_help：查看如何操作表。
create：创建表。
alter：修改列族。
describe：显示表相关的详细信息。
list：列出存在的所有表。
exists：检验表是否存在。
put：添加或修改表的值。
scan：扫描表获取值。
get：获取行或单元的值。
count：统计表中行的数量。
incr：添加指定表行或列的值。
get_counter：获取计数器。
delete：删除指定对象的值（可以为表、行、列对应的值，也可以为指定时间戳的值）。
deleteall：删除指定行的所有元素值。
truncate：重新创建指定表。
enable：使表有效。
is_enabled：表是否启用。
disable：使表无效。
is_disabled：表是否无效。
drop：删除表。
shutdown：关闭集群。
toots：列出 HBase 所支持的工具。
exit：退出 HBase Shell。
```

6.5.2 general 操作

1. 显示集群状态（status）

```
hbase(main):015:0> help 'status'
Show cluster status. Can be 'summary', 'simple', 'detailed', or 'replicat
ion'. The
default is 'summary'. Examples:
  hbase> status
  hbase> status 'simple'
  hbase> status 'summary'
  hbase> status 'detailed'
  hbase> status 'replication'
  hbase> status 'replication', 'source'
  hbase> status 'replication', 'sink'
```

2. 查询数据库版本（version）

```
hbase(main):008:0> version
1.2.0-cdh5.9.0, rUnknown, Fri Oct 21 01:19:47 PDT 2016
```

3. 显示当前用户与组（whoami）

```
hbase(main):007:0> whoami
xwtech (auth:SIMPLE)
groups: xwtech
```

4. 查看操作表的命令（table_help）

```
hbase(main):025:0>  help  'table_help'
```

6.5.3　DDL（数据定义语言）操作

1. 创建表（create）

创建表时只需要指定列族名称，不需要指定列名。

```
# 语法
create '表名', {NAME => '列族名1'}, {NAME => '列族名2'}, {NAME => '列族名3'}
# 此种方式是上面的简写方式，使用上面方式可以为列族指定更多的属性，如 VERSIONS、TTL、BLOCKCACHE、CONFIGURATION 等属性
create '表名', '列族名1', '列族名2', '列族名3'
create '表名', {NAME => '列族名 1', VERSIONS => 版本号, TTL => 过期时间, BLOCKCACHE => true}
# 示例
create 'tbl_user', 'info', 'detail'
create 't1', {NAME => 'f1', VERSIONS => 1, TTL => 2592000, BLOCKCACHE => true}
```

2. 修改表（schema alter，增加、删除、修改）

（1）添加一个列族

```
# 语法
alter '表名', '列族名'
# 示例
alter 'tbl_user', 'address'
```

（2）删除一个列族

```
# 语法
alter '表名', {NAME=> '列族名', METHOD=> 'delete'}
# 示例
alter 'tbl_user', {NAME=> 'address',  METHOD=>  'delete'}
```

（3）修改列族属性

可以修改列族的 version。

```
# 修改 f1 列族的版本为 5
```

```
alter 't1', NAME => 'f1', VERSIONS => 5
# 修改多个列族，修改 f2 为内存，版本号为 5
alter 't1', 'f1', {NAME => 'f2', IN_MEMORY => true}, {NAME => 'f3', VERSIONS => 5}
# 也可以修改 table-scope 属性，例如 MAX_FILESIZE， READONLY，MEMSTORE_FLUSHSIZE，DEFERRED_LOG_FLUSH 等。
# 例如，修改 region 的最大值为 128MB：
alter 't1', MAX_FILESIZE => '134217728'
```

3. 获取 alter_async 执行的状态（alter_status）

```
alter_status  '表名'
```

4. 获取表的描述（describe）

```
# 语法
describe '表名'
# 示例
describe 'tbl_user'
```

5. 列举所有表

```
# 语法
List
```

6. 检验表是否存在（exists）

```
# 语法
exists '表名'
# 示例
exists 'tbl_user'
```

7. 启用表（enable）和禁用表（disable）

通过 enable/disable 来启用/禁用这个表，相应地可以通过 is_enabled 和 is_disabled 来检查表是否被禁用。

```
# 语法
enable '表名'
is_enabled '表名'

disable '表名'
is_disabled '表名'

# 示例
disable 'tbl_user'
```

```
is_disabled 'tbl_user'

enable 'tbl_user'
is_enabled 'tbl_user'
```

8. 禁用满足正则表达式的所有表（disable_all）

```
匹配除"\n"和"\r"之外的任何单个字符
*匹配前面的子表达式任意次

# 匹配以 t 开头的表名
disable_all 't.*'
# 匹配指定命名空间 ns 下的以 t 开头的所有表
disable_all 'ns:t.*'
# 匹配 ns 命名空间下的所有表
disable_all 'ns:.*'
```

9. 启用满足正则表达式的所有表（enable_all）

```
enable_all 't.*'
enable_all 'ns:t.*'
enable_all 'ns:.*'
```

10. 删除表（drop）

需要先禁用表，然后再删除表，启用的表是不允许被删除的。

```
# 语法
disable '表名'
drop '表名'
# 示例
disable 'tbl_user'
drop 'tbl_user'
```

11. 删除满足正则表达式的所有表（drop_all）

```
drop_all 't.*'
drop_all 'ns:t.*'
drop_all 'ns:.*'
```

习　题

1. 简述在 Hadoop 体系架构中 HBase 与其他组成部分的相互关系。

2．创建订单表 test，向表中插入如下数据，并完成如下操作。

订单 ID	订单状态	支付金额	支付方式	用户 ID
ID	status	pay_money	payway	user_id
01	已提交	4070	1	19

（1）查询出 01 行数据。

（2）将订单 ID 为 01 的状态，更改为（已付款），注意每次 put 后，都会生成新的时间戳。

（3）扫描订单表。

（4）查询订单数据且只显示 3 行。

（5）查询订单状态、支付方式。

（6）将订单 ID 为 01 的状态列删除。

（7）将订单 ID 为 01 的信息全部删除。

3．分别解释 HBase 中行键、列键和时间戳的概念。

4．请阐述 HBase 和传统关系数据库的区别。

5．将以下数据添加到 student 表（请放到相应的列族中），并完成下列操作。

sid	name	age	gender	math	chinese	english	province	city	street
101	zhaoyun	23	m	90	89	100	sichuan	chengdu	chunxi
102	zhangfei	24	f	80	78	90	hebei	tangshan	tianyu
103	guanyu						jilin		

（1）查询表中的所有数据。

（2）查询每个人的姓名和所有成绩。

（3）查询 102 的地址信息。

（4）修改 102 的 name 为 zhangfei1，再次修改 name 为 zhangfei2。

（5）查询 102 的 name 的历史版本。

（6）删除 102 的 name 的最旧的两个版本。

（7）删除第三行记录。

第7章 分布式数据仓库技术——Hive

主要内容

Hive 是基于 Hadoop 的一个数据仓库工具，用来进行数据提取、转化和加载，是一种可以存储、查询和分析存储在 Hadoop 中的大规模数据的机制。Hive 数据仓库工具能将结构化的数据文件映射为一张数据库表，并提供 SQL 查询功能，能将 SQL 语句转变成 MapReduce 任务来执行。Hive 的优点是学习成本低，可以通过类似 SQL 语句实现快速的 MapReduce 统计，使 MapReduce 变得更加简单，而不必开发专门的 MapReduce 应用程序。Hive 十分适合对数据仓库进行统计分析。

7.1 什么是 Hive

Hive 是由 Facebook 开源并且基于 Hadoop 构建的一套数据仓库分析系统，它提供了丰富的 SQL 查询方式来分析存储在 Hadoop 分布式文件系统中的数据。

7.1.1 Hive 的本质

Hive 是一个数据仓库基础工具，在 Hadoop 中用来处理结构化数据。它架构在 Hadoop 之上，总归为大数据，使得查询和分析更加方便。

在 Hive 中，Hive 是 SQL 解析引擎，它将 SQL 语句转译成 M/R Job，然后在 Hadoop 执行。Hive 的表其实就是 HDFS 的目录/文件，按表名把文件夹分开。如果是分区表，则分区值是子文件夹，可以直接在 M/R Job 里使用这些数据。

那为什么会有 Hive 呢？Hive 是为了解决什么问题而诞生的呢？为了使读者能够快速地对 Hive 有一个初步的了解，下面将列举一个案例。

例如：统计单词出现个数。

① 在 Hadoop 中使用 MapReduce 程序实现，需要写 Mapper、Reducer 和 Driver 3 个类，并实现对应逻辑，相对烦琐。

```
test 表
id 列

learn
learn
aa
aa
bigdate
spark
jihe
hadoop
```

② 如果通过 Hive SQL 实现，一行就搞定了，简单方便，容易理解。

```
select count(*) from test group by id;
```

Apache Hive 作为一款分布式 SQL 计算的工具，其主要功能是将 SQL 语句翻译成 MapReduce 程序运行，如图 7-1 所示。

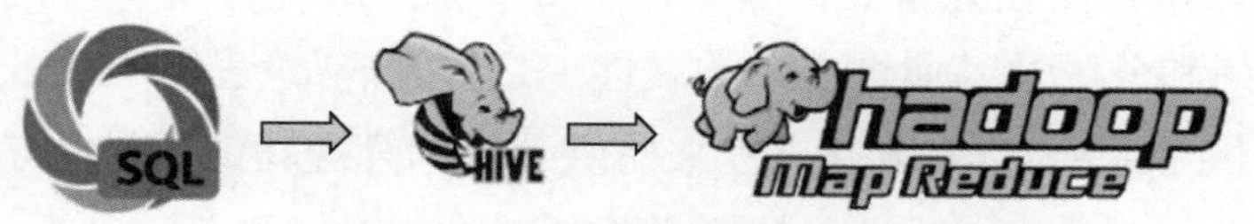

图 7-1　Hive 功能示意

使用 Hive 主要有如下原因。

首先，使用 Hadoop MapReduce 直接处理数据面临着人员学习成本太高的问题，需要技术人员掌握 Java、Python 等编程语言。

其次，MapReduce 实现复杂查询逻辑开发难度太大。

最后，使用 Hive 处理数据有不可忽略的优点：①操作接口采用了类 SQL 语法，可提供快速开发的能力，这使得处理数据更加简单，容易上手；②底层执行 MapReduce，可以完成分布式海量数据的 SQL 处理；③Hive 的执行时延比较高，因此 Hive 常用于对实时性要求不高的场合；④Hive 支持用户自定义函数，用户可以根据自己的需求实现自己的函数。

7.1.2　Hive 的基础架构

Hive 的核心架构包含元数据管理、SQL 解析器（Driver 驱动程序）和用户接口，如图 7-2 所示。元数据管理被称为 Metastore 服务。SQL 解析器用来完成 SQL 解析、执行优化、提交代码等功能。用户接口则提供用户和 Hive 交互的功能。

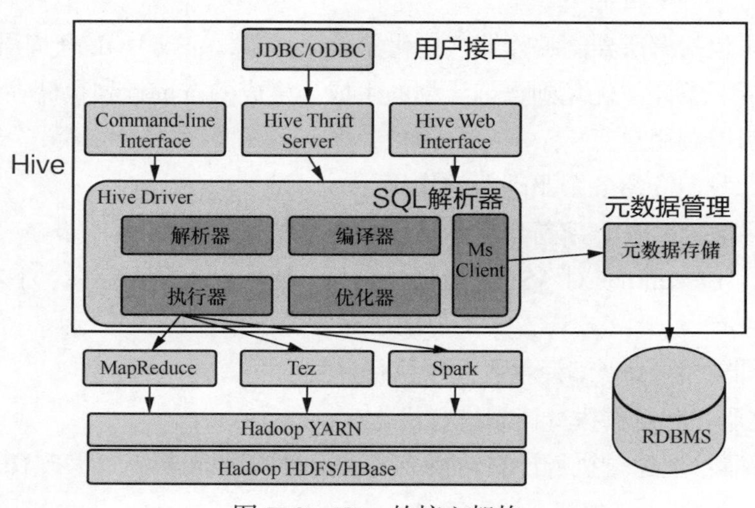

图 7-2　Hive 的核心架构

1. 元数据存储

Hive 将元数据存储在关系数据库中，如 mysql/derby 中。Hive 中的元数据包括表的名字、表的列和分区及其属性、表的属性（是否为外部表等）、表的数据所在的目录等。Hive 提供了 Metastore 服务进程来提供元数据管理功能。如图 7-3 所示，Hive 元数据存储在 RDBMS 中，因为元数据会不断地被修改、更新，所以 Hive 元数据不适合存储在 HDFS 中。

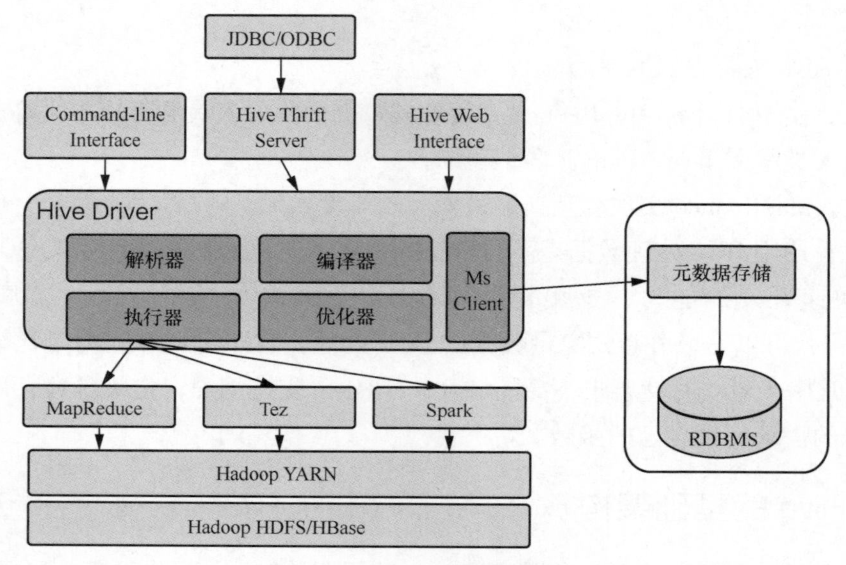

图 7-3 Hive 元数据存储

2. 驱动程序

驱动程序包括解析器、编译器、优化器、执行器，完成 HQL 查询语句从词法分析、语法分析、编译、优化到查询计划的生成。生成的查询计划存储在 HDFS 中，随后由执行引擎调用执行。

接下来，我们介绍各个驱动器的作用。

① 解析器：将 SQL 字符串转换成抽象语法树（AST），这一步一般都用第三方工具库完成，比如 antlr；对 AST 进行语法分析，比如：表是否存在、字段是否存在、SQL 语义是否有误。

② 编译器：将 AST 编译生成逻辑执行计划。

③ 优化器：对逻辑执行计划进行优化。

④ 执行器：把逻辑执行计划转换成可以运行的物理计划，对于 Hive 来说就是 MR/Spark。

图 7-4 的内容不是具体的服务进程，而是封装在 Hive 所依赖的 Jar 文件中，即 Java 代码中。

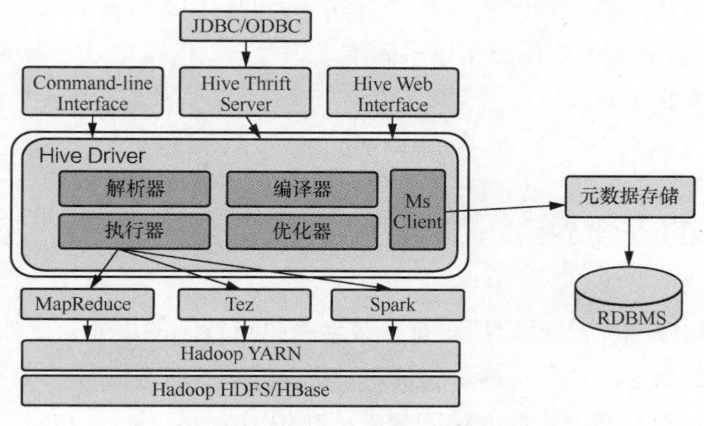

图 7-4　Hive 驱动器

3. 用户接口

用户接口包括 CLI（命令行界面）、JDBC（Java 数据库连接）/ODBC（开放式数据库互连）、WebGUI。其中，CLI 为 shell 命令行；Hive 中的 Thrift 服务器允许外部客户端通过网络来与 Hive 进行交互，类似于 JDBC 或 ODBC 协议。WebGUI 则是通过浏览器访问 Hive。

如图 7-5 所示，Hive 提供了 Hive Shell、ThriftServer 等服务进程向用户提供操作接口。

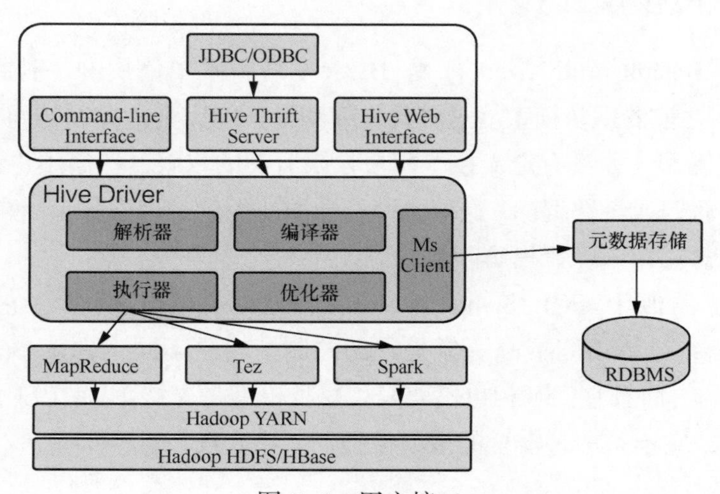

图 7-5　用户接口

除了这些核心架构外，YARN 是通用资源管理器和调度平台，可为上层应用提供统一的资源管理和调度。HDFS 是适合运行在通用硬件上的分布式文件系统，它能提供高吞吐量的数据访问。HBase 是面向列存储的非关系数据库，所以存储是键值对的形式，也不用单独去创建列，直接当成一个列标识符使用即可。HBase 运行在 HDFS 之上，所以 HBase 中的数据以多副本形式存放，数据也以分布式存放，数据的恢复因此可以得到保障。

7.2 Hive 的安全性

在 Hive 中，授权涉及确定用户是否被允许执行特定的操作，比如执行查询、创建表格、加载数据等。它并不涉及验证用户的身份，比如验证用户名和密码。相反，它关注的是用户对于特定资源的访问权限。在像 Hive Command Line 这样的工具中，强制认证是通过使用 Kerberos 提供的。Kerberos 是一种网络身份验证协议，用于验证用户和服务之间的身份，并确保数据的安全性。

对于 HiveServer2 的用户，还有一些额外的认证选项可供选择。HiveServer2 是 Hive 提供的一个远程服务，允许用户通过 JDBC 或 ODBC 连接进行查询和交互。为了确保安全性，HiveServer2 提供了多种认证方式，其中包括简单的用户名/密码认证、LDAP 认证、Kerberos 认证等。这些认证选项可以根据用户的安全需求和环境配置来选择和使用。通过这些认证机制，Hive 能够确保只有经过授权的用户才能够访问和操作数据，从而保障数据的安全性和完整性。

7.2.1 默认授权模式

Hive Old Default Authorization 是 Hive 早期版本中使用的一种授权模型，为 Hive2.0.0 版本之前的默认模型。这种授权模型并不能完全地控制访问，还有很多没有解决的安全漏洞。如没有定义授予用户权限所需的权限，任何用户都能够为自己授权来访问一张表或者数据库。这种模型设计的目的仅是为了防止用户产生误操作，而不是防止恶意用户未经授权访问数据。

这个模型类似于 SQL Standards Based Authorization 模型，它们都使用了 grant/revoke 语句进行访问控制。但是它的控制策略是不同于 SQL Standards Based Authorization 的，而且它们互相也不兼容。这种模型是支持 Hive CLI 的，但是对于 Hive CLI 来说，它不是一种安全的授权模型。

7.2.2 基于存储的授权模式

Hive 0.12.0 版本之后开始支持 Storage Based Authorization in the Metastore Server。

在此模式中 Hive 作为表存储层，用户可以通过 HDFS 文件根目录权限管理以及 Hive 元数据配置实现用户访问数据授权。通常建议在 Metastore 中使用基于存储的授权。虽然存储基础授权能够保护 Metastore 中的元数据不被恶意用户破坏，但对文件的权限管理，没有提供细粒度（列级别、行级别）的访问控制。

7.2.3 基于 SQL 标准的授权模式

SQL Standards Based Authorization 完全兼容 SQL 的授权模型，不会给现在的用户带来向后兼容的问题，因此被推荐使用。一旦用户应用这种更加安全的授权机制后，默认的授权机制可以被弃用。但是由于文件系统提供的访问控制针对文件，它无法控制授权更细的粒度。

基于 SQL 的授权模型可以和基于存储的授权模型（Hive Metastore Server）结合使用。和 Hive 的默认授权机制一样，授权模型确认发生的 SQL 语句的编译阶段。为了保证该授权模型起到安全作用，客户端同样需要安全保证，对此可以通过以下两种方式做到：

① 用户访问必须且仅可以通过 HiveServer2；

② 限制执行用户代码和非 SQL 指令。

授权确认时是以提交SQL指令的用户身份为依据的，但SQL指令是以 Hive Server 用户身份（即 Hive Server 的进程用户）被执行的，因此 Hive Server 用户必须拥有相应目录（文件）的权限。

在这种授权模型控制下，拥有权限使用 Hive CLI、HDFS Commands、Pig Command Line、Hadoop Jar 等工具（指令）的用户被称为特权用户。在一个组织（团队）内，只有需要执行 ETL 相关工作的团队需要这些特殊权限，这些工具的访问不经过 HiveServer2，因此它们不受这种授权模型的控制。需要通过 Hive CLI、Pig Command Line 和 MapReduce 访问 Hive 表的用户，可以通过在 Hive Metastore Server 中启用 Storage Based Authorization 来进行相应的权限控制；其他情况则可能需要结合 Hadoop 的安全机制进行。官方建议抛弃 Hive CLI 的方式，该方式不安全。

大多数的用户（使用 SQL 语句，并通过 ODBC/JDBC 访问 HiveServer2）是可以使用这种授权模型进行权限控制的。

7.3 Hive Shell

Hive 的 shell 命令是通过“${HIVE_HOME}/bin/hive”文件进行控制的，通过该文件，我们可以进行 Hive 当前会话的环境管理，也可以进行 Hive 表管理等操作。Hive

命令需要使用“;”进行结束标示；通过“hive -H”查看帮助信息。Hive0.11 版本之后支持“-database”选项，使用“-database”选项查看指定数据库的详细信息。

Hive 的 shell 命令主要包括退出客户端、添加文件、修改/查看环境变量、执行 Linux 命令、执行 dfs 命令等。

除了 Hive 的基本命令外，其他的命令主要是 DDL 和 DML（数据操纵语言）等操作数据表的命令。

接下来，我们对 Hive Shell 常用操作进行具体介绍。

1. Hive 非交互模式的常用命令

① hive -e：从命令行执行指定的 HQL，不需要分号。

```
% hive -e 'select * from dummy' > a.txt
```

② hive -f：执行 HQL 脚本。

```
% hive -f /home/my/hive-script.sql //--hive-script.sql 是 hql 脚本文件
```

③ hive -i：进入 Hive 交互 Shell 时先执行脚本中的 HQL 语句。

```
% hive -i /home/my/hive-init.sql
```

④ hive -v： Verbose（冗余）模式，额外打印出执行的 HQL 语句。

⑤ hive -S：Slient（静默）模式，不显示转化 MR-Job 的信息，只显示最终结果。

```
% hive -S -e 'select * from student'
```

⑥ hive --hiveconf <property=value>：使用给定属性的值。

```
$HIVE_HOME/bin/hive --hiveconf mapred.reduce.tasks=2 //启动时，配置 reduce
个数 2（只在此 session 中有效）
```

⑦ hive --service servicename：启动服务。

⑧ hive [--database test]：进入 CLI 交互界面，默认进入 default 数据库。加上[]内容直接进入 test 数据库。

```
%hive --database test
```

2. Hive 交互模式的命令

① quit / exit：退出 CLI。

② reset：重置所有的配置参数，初始化为 hive-site.xml 中的配置。

③ set <key>=<value>：设置 Hive 运行时的配置参数，优先级最高，相同 key，后面的设置会覆盖前面的设置。

④ set -v：打印出所有 Hive 的配置参数和 Hadoop 的配置参数。

⑤ add 命令：包括 add File[S]、Jar[S]、Archive[S] <filepath> *，向 DistributeCache 中添加一个或多个文件、jar 包或者归档文件，添加之后，可以在 Map 和 Reduce task 中使用。比如，自定义一个 udf 函数，打成 jar 包，在创建函数之前，必须使用 add jar

命令，添加 jar 包，否则会报错找不到类。

⑥ list 命令：包括 list File[S]、Jar[S]、Archive[S]，列出当前 DistributeCache 中的文件、jar 包或者归档文件。

⑦ delete 命令：包括 delete File[S]、Jar[S]、Archive[S] <filepath>*，表示从 DistributeCache 中删除文件。

```
//将 file 加入缓冲区
add file /root/test/sql;
//列出当前缓冲区内的文件
list file;
//删除缓存区内的指定 file
delete file /root/test/sql;
```

⑧ create 命令：创建自定义函数。

```
CREATE TEMPORARY FUNCTION udfTest As'com cstore udfExample' USING JAR'
path/to/your/jarfile.jar';
source  <filepath>: 在 CLI 中执行脚本文件。

//相当于[root@ncst test]# hive -S -f /root/test/sql
hive> source /root/test/sql;
! <command>: 在 CLI 执行 Linux 命令。

dfs <dfs command>: 在 CLI 执行 hdfs 命令。
```

3. 保存查询结果的 3 种方式

```
% hive -S -e 'select * from dummy' > a.txt //分隔符和 hive 数据文件的分隔符相同

[root@hadoop01 ~]# hive -S -e "insert overwrite local directory '/root/hi
ve/a'\
>  row format delimited fields terminated by '\t' --分隔符\t
>  select * from logs sort byte"

--使用 hdfs 命令导出整个表的数据
hdfs dfs -get /hive/warehouse/hive01 /root/test/hive01
```

4. Hive 集群间的导入和导出

使用 Export 命令可以导出 Hive 表的数据表数据以及数据表对应的元数据。

```
--导出命令
EXPORT TABLE test TO '/hive/test_export'

--dfs 命令查看
hdfs dfs -ls /hive/test_export
```

```
--结果显示
/hive/test_export/_metadata
/hive/test_export/data
```

使用 Import 命令将导出的数据重新导入 Hive 中（必须将新导入的表重命名）。

```
--导入内部表的命令
IMPORT TABLE data_managed FROM '/hive/test_export'

--导入外部表的命令
Import External Table data_external From '/hive/test_export' Location '/
hive/external/data'

--验证是否是外部表
desc formatted data_external
```

5. Hive 的 JDBC/ODBC 接口

在 Hive 的 jar 包中，“org.apache.hadoop.hive.jdbc.HiveDriver”负责提供 JDBC 接口，客户端程序有了这个包，就可以把 Hive 当成一个数据库来使用，大部分的操作与对传统数据库的操作相同。Hive 允许支持 JDBC 协议的应用程序连接到 Hive。当 Hive 在指定端口启动 hiveserver 后，客户端通过 Java 的 Thrift 和 Hive 服务器进行通信，过程如下。

① 开启 hiveserver 服务：$ hive -service hiveserver 50000（50000）。

② 建立与 Hive 的连接：Class.forName（“org.apache.hadoop.hive.jdbc.Hive Driver”）。Connection con = DriverManager.getConnection（“jdbc:hive://ip:50000/default”，“hive”，“hadoop”）默认只能连接到 default 数据库，通过上面的两行代码建立连接后，其他的操作与传统数据库无太大差别。

③ Hive 的 JDBC 驱动目前还不太成熟，并不支持所有的 JDBC API。

6. Hive Web Interface

① 配置 hive-site.xml。

```
<property>
<name>hive.hwi.war.file</name>
<value>lib/hive-hwi-0.8.1.war</value>
<description>This sets the path to the HWI war file, relative to ${HIVE_H
OME}.</description>
</property>


<property>
<name>hive.hwi.listen.host</name>
```

```
<value>0.0.0.0</value>
<description>This is the host address the Hive Web Interface will listen
on</description>
</property>

<property>
<name>hive.hwi.listen.port</name>
<value>9999</value>
<description>This is the port the Hive Web Interface will listen on</desc
ription>
</property>
```

② 启动 Hive 的 Web 服务：hive --service hwi。

③ 在浏览器键入地址：http://host_name:9999/hwi。

④ 点击"Create Session"创建会话，在 Query 中键入查询语句。

7. Hive 创建数据库

Hive 启动后默认有一个 Default 数据库，也可以新建数据库，命令如下。

```
--手动指定存储位置
create database hive02 location '/hive/hive02';

--添加其他信息(创建时间及数据库备注)
create database hive03 comment 'it is my first database' with dbpropertie
s('creator'='kafka',
'date'='2023-06-08');

--查看数据库的详细信息
describe database hive03;

--更详细地查看
describe database extended hive03; --最优地查看数据库结构的命令
describe database formatted hive03;

--database 只能修改 dbproperties 里面的内容
alter database hive03 set dbproperties('edited-by'='mike');
```

7.4　Hive 的性能调优

Hive 作为分布式数据仓库技术，在设计与开发阶段需要注意效率问题。影响 Hive 效率的因素有很多，比如数据量过大、小文件过多、数据倾斜或者磁盘 I/O 过多、MapReduce 分配不合理等都会对 Hive 的效率带来影响。为此在资源有限的情况下，我们需要关注 Hive 的性能调优问题，从而方便数据的快速产出。

7.4.1 分区表

在大数据中，最常用的一种思想就是分治，我们可以把大的文件切割划分成一个个小的文件，这样每次操作一个小的文件就会容易很多。

同样，Hive 也是支持这种思想的，对于一个比较大的表，可以将其设计为分区表，从而提升查询的性能。分区表是在某一个或者几个维度上对数据进行分类存储的，一个分区对应一个目录。如果筛选条件里有分区字段，那么 Hive 只需要遍历对应分区目录下的文件即可，不需要遍历全局数据，使得处理的数据量大大减少，从而提高查询效率。也就是说，当对一个 Hive 表的查询会根据某一个字段进行筛选时，那么非常适合创建分区表，该字段即为分区字段。

用户在进行分区字段的选择时，应该避免选择层级较深的分区，否则会有太多的子文件夹。

常见的分区字段如下。

日期以及时间，如：year、month、day、hour 等。

业务逻辑，如：部门、销售区域、客户等。

一个典型的按月份分区的表如图 7-6 所示，每一个分区就是一个文件夹。

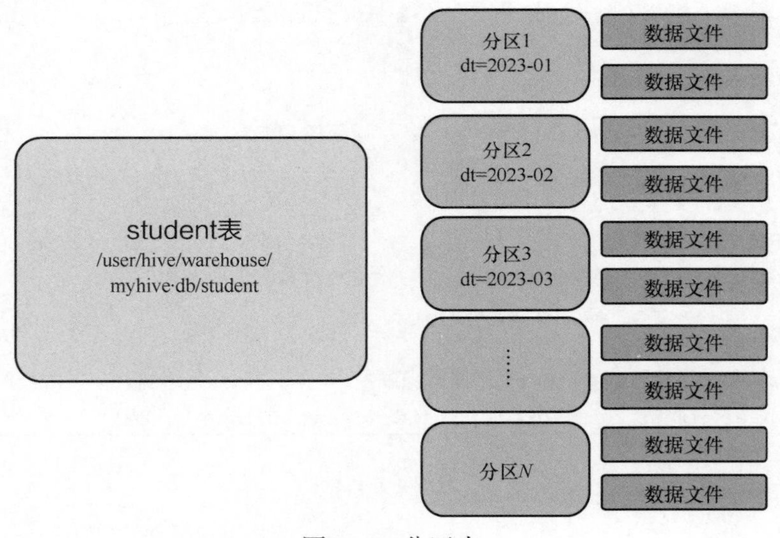

图 7-6 分区表

图 7-6 展示了一个典型的按月分区的单分区表，将学生信息按月划分，划分到每个月。这样，当我们需要对某个月的数据进行操作时不用处理全部的数据，只需要处理该月数据（对应分区）即可。

Hive 也支持多个字段作为分区，多分区带有层级关系。图 7-7 展示了对年、月、日的分区，不管层级有多少，每一级都是一个文件夹。这样，数据的产出会变得更加快速。

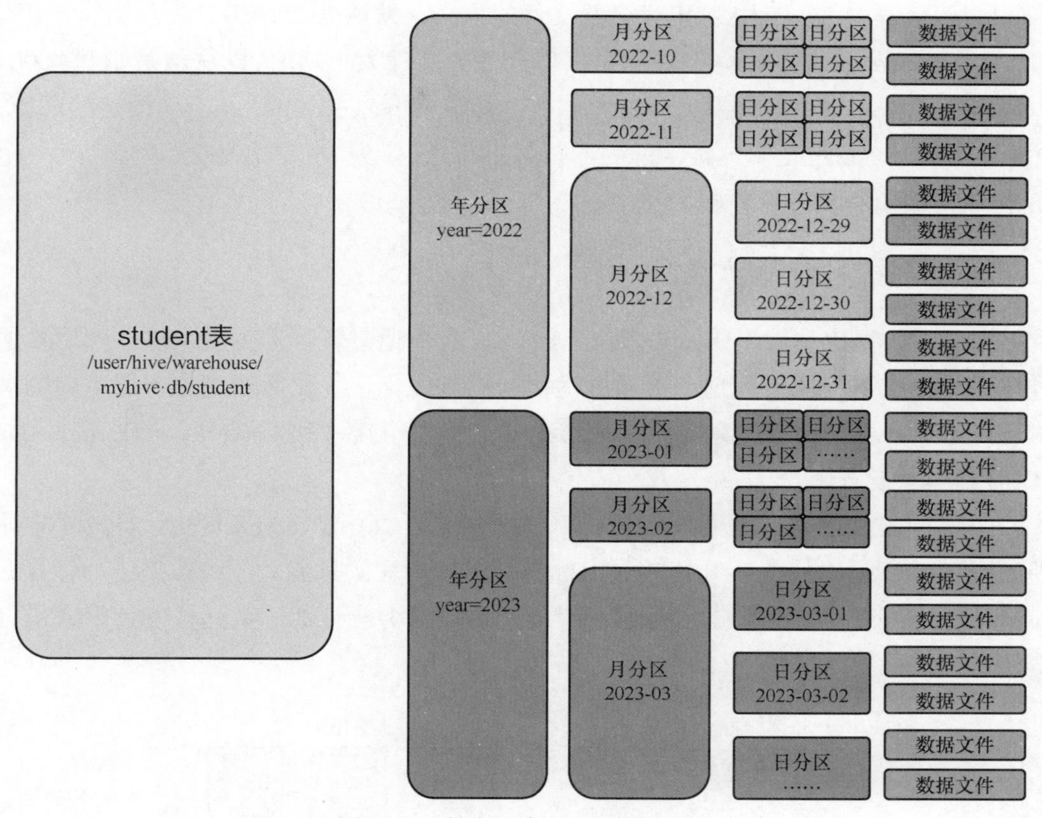

图 7–7　多分区表（三级分区）

此外还存在分桶表。分桶表与分区表类似，它的组织方式是将 HDFS 上的文件分割成多个文件。分桶可以加快数据采样，也可以提升 join 的性能（join 的字段是分桶字段），因为分桶可以确保某个 key 对应的数据在一个特定的桶（文件）内，所以巧妙地选择分桶字段可以大幅度提升 join 的性能。在通常情况下，分桶字段可以选择经常用在过滤操作或者 join 操作的字段。

7.4.2　存储优化

经常被访问的数据被称为热数据。增加热数据的副本数，可以增加数据本地性命中的可能性，从而提升查询性能，当然这要与存储容量之间做出权衡。

由于大量的小文件以及冗余副本会造成 NameNode 内存耗费，因此 Hive 可以使用下面的配置将查询结果的文件进行合并，从而避免产生小文件。

hive.merge.mapfiles：在一个仅有 map 的作业中，合并最后的结果文件，默认为 true。

hive.merge.mapredfiles：合并 mapreduce 作业的结果为小文件，默认为 false，可以设置为 true。

hive.merge.size.per.task：定义合并文件的大小，默认为 256MB。

hive.merge.smallfiles.avgsize：触发文件合并的文件大小阈值，默认值是 16000000。

当一个作业的输出结果文件的大小小于 hive.merge.smallfiles.avgsize 设定的阈值，并且 hive.merge.mapfiles 与 hive.merge.mapredfiles 设置为 true，Hive 会额外启动一个 mr 作业将输出小文件合并成大文件。

7.4.3 矢量化查询优化

与关系数据库类似，Hive 在执行操作时，会先通过解释器生成 AST，然后再通过编译器生成逻辑执行计划，再通过优化器进行优化，优化后通过执行器生成物理执行计划。Hive 有两种优化器：Vectorize（矢量化优化器）和 Cost-Based Optimization（CBO 成本优化器）。

Hive 的矢量化查询优化依赖于 CPU 的矢量化计算，CPU 的矢量化计算的基本原理如图 7-8 所示，从图 7-8 能够看出标量计算是指一次只能对一组数据进行计算；矢量计算则可以对多组数据（每组一般为两个数据）成批地进行同样的计算，最终得到一批结果。

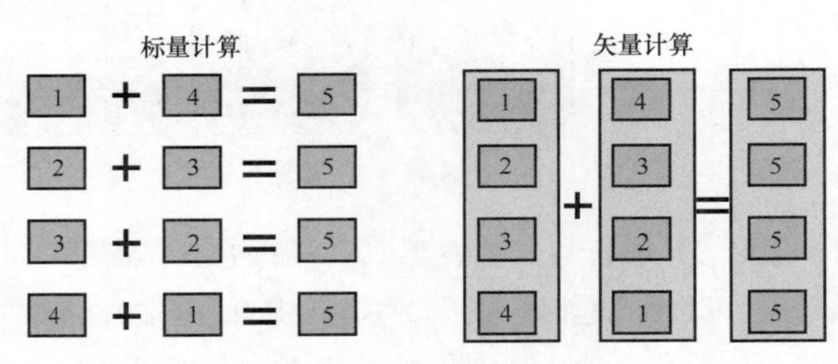

图 7-8 矢量化计算原理

Hive 的矢量化查询可以极大地提高一些典型查询场景下的 CPU 的使用效率。矢量化查询可以一次批量执行 1024 行，而不是一行一行来提高扫描、聚合、过滤器和链接等操作的性能，从而明显缩短查询执行时间。

```
-- 默认 false
SET hive.vectorized.execlution.enabed = true;

-- 默认 false
SET hive.vectorized.execution.reduce.enabled = true;
```

特别要注意的是，若使用矢量化查询执行，必须用 ORC 格式存储数据，并且执行引擎为 Tez。

7.5 HQL 简介

HQL 可以提供更加丰富灵活、更强大的查询能力。HQL 是一种面向对象的查询语言，类似于 SQL，但它不是对表和列进行操作，而是面向对象和它们的属性进行操作。

7.5.1 认识 HQL

HQL 支持基本类型和复杂类型两大数据类型。

基本类型包括 TINYINT（1 byte）、SMALLINT（2 byte）、INT（4 byte）、BIGINT（8 byte）、FLOAT（4 byte）、DOUBLE（8 byte）、BOOLEAN（–）、STRING（2 G）。

复杂类型包括 ARRAY（一组有序数组，类型必须一致）、MAP（无序键值对，键值内部字段类型必须相同，而且 key 的类型为基本数据类型）、STRUCT（一组字段，任意类型）。

HQL 具有如下功能：

① 在查询语句中设定各种查询条件；

② 支持投影查询，即仅检索出对象的部分属性；

③ 支持分页查询；

④ 支持连接查询；

⑤ 支持分组查询，允许使用 HAVING 和 GROUP BY 关键字；

⑥ 提供内置聚集函数，如 sum()、min()和 max()；

⑦ 支持子查询；

⑧ 支持动态绑定参数；

⑨ 能够调用用户定义的 SQL 函数或标准的 SQL 函数。

HQL 语句对大小写是敏感的。其基本语法如下。

```
select “属性名” from “对象”
where “条件”
group by “属性名” having “分组条件”
order by “属性名” desc/asc
```

从上述基本语法可以看出，HQL 与 SQL 的用法基本是一样的。但要注意，在使用 HQL 时我们一定记得对象的概念。

```
select * from User u where u.id>100 order by u.id desc
```

此语句将查询 User 对象所对应数据表中的记录，条件为 id 大于 100，并将返回的结果集按 id 的降序进行排序。语句中的 User 为对象。

HQL 查询语句也支持 DML 风格的语句，如 update 语句、delete 语句，其使用方法与上述方法基本相同。不过，由于 Hibernate 缓存的存在，使用 DML 语句进行操作可能会造成与 Hibernate 缓存不同步的情况，从而产生脏数据，所以在使用过程中应该尽量避免使用 DML 语句操作数据。

7.5.2 Hive 管理数据的方式

Hive 有 3 种数据管理方式，分别为：CLI 方式、Web 界面方式和远程服务启动方式。

1. CLI 方式

两种进入 CLI 的方式，分别为在 Linux 终端输入 hive 和 hive--service cli。下面对常用的 CLI 命令进行讲解。

① 退出：quit；或 exit。

② 清屏。

```
Ctrl + L
!clear
```

③ 查看数据仓库中的表。

```
show tables;
```

④ 查看数据仓库中的内置函数。

```
show function;
```

⑤ 查看表名。

```
desc 表名
```

⑥ 查看 HDFS 上的文件。

```
dfs -ls 目录
```

⑦ 执行操作系统的命令。

```
!  命令
```

⑧ 执行 HQL 语句。

```
select *** form ***
```

⑨ 执行 SQL 语句。

```
shource SQL 文件
```

⑩ Hive 的静默模式。此时不打印 hive 调试信息，只打印结果。

```
hive -S
```

⑪ 在命令行下直接查询。

```
hive -e 'show tables';
```

2. Web 界面方式

进入 Web 界面需要输入命令：hive –service hwi，默认端口号：9999；通过浏览器访问：http://<IP 地址>:9999/hwi/。

3. 远程服务启动方式

以 JDBC 或 ODBC 的程序登录到 hive 中操作数据时，必须选用远程服务启动方式。默认端口号：10000，启动方式：hive -service hiveserver。步骤：①获取连接；②创建运行环境；③执行 HQL；④处理结果；⑤释放资源。

习　题

1. 请简述 Hive 的概念。

2. Hive 架构包括哪些组件？

3. 什么是分区表？

4. 请简述分区表与分桶表的区别。

5. 一个叫 team 的表，里面只有一个字段 name，有 4 条记录，分别是 a、b、c、d，对应 4 支球队，现在 4 支球队进行比赛，请用一条 SQL 语句显示所有可能的比赛组合。

6. 存在学生表如下：

自动编号	学号	姓名	课程编号	课程名称	分数
1	2022001	张三	0001	数学	69
2	2022002	李四	0001	数学	80
3	2022001	张三	0001	数学	69

删除除了自动编号不同、其他都相同的学生冗余信息。

7. 存在如下购物信息表：

购物人	商品名称	数量
A	甲	1
B	乙	2
C	丙	4
A	丁	3
B	丙	7
……	……	……

请给出所有购入商品为 3 种或 3 种以上的购物人记录。

第 8 章 ClickHouse 与 ElasticSearch 分布式搜索

主要内容

ClickHouse 和 ElasticSearch 是两种不同类型的数据存储和查询系统。ClickHouse 是一个列式数据库，主要用于分析和生成报表，具有高性能，支持大量数据的快速查询和聚合，并可通过 SQL 语句进行查询。ElasticSearch 是一个搜索和分析引擎，主要用于全文搜索、日志分析和数据可视化，具有高可用性和分布式能力，支持大量文本数据的全文搜索和结构化查询。本章将分别对 ClickHouse 和 ElasticSearch 的架构、基本特性及使用案例进行详细介绍。

8.1 ClickHouse 概述

ClickHouse 是俄罗斯的 Yandex 公司于 2016 年开源的列式存储数据库，使用 C++语言编写，主要用于联机分析处理（OLAP），能够使用 SQL 查询，实时生成数据分析报告。

Yandex 是俄罗斯的重要网络服务门户之一，于 1997 年正式创立，俄罗斯搜索引擎 Yandex（俄语意为“语言目录”）首次上线。之后，它使用其专有的“并行数据阵列”搜索技术进行了技术升级，在 2000 年引入新闻和购物搜索能力，并陆续推出了诸多新的业务，逐渐地树立起了在俄罗斯及其周边搜索引擎的巨头地位。根据用户数量显示，Yandex 搜索是现今最大的俄语搜索引擎，索引超过了 100 亿个网页，市占率超过 64%。Yandex 搜索在俄罗斯的主要竞争对手有 Google、Mail.ru 和 Rambler 等，尽管 Google、雅虎等搜索巨头都有俄文界面并提供俄语搜索，但依旧未能撼动其在俄罗斯的市场地位。

众所周知，在线搜索引擎的营收非常依赖流量和在线广告业务。所以，通常搜索引擎公司为了更好地帮助自身及用户分析网络流量，都会推出自家的在线流量分析产品，例如 Google 的 Google Analytics、百度的百度统计。Yandex 也不例外，Yandex.Metrica 就是这样一款 Web 流量分析工具，其底层架构历经了 4 个阶段，一步步最终形成了现在的 ClickHouse。Metrica 基于前方探针采集行为数据，然后进行一系列的数据分析，在采集数据的过程中，一次页面 Click（点击）会产生一个 Event（事件）。至此，整个系统的逻辑就十分清晰了，那就是：基于页面的点击事件流，面向数据仓库进行 OLAP 分析。所以 ClickHouse 的全称是 Click Stream（点击流）、Data WareHouse（数据仓库），简称 ClickHouse。

ClickHouse 在诞生之初是为了服务自家的 Web 流量分析产品，在存储数据超过 20 万亿行的情况下，可以做到 90%的查询都能够在 1s 内返回。随后，ClickHouse 进一步被应用到 Yandex 内部数十个其他的分析场景中。ClickHouse 基本能够胜任各种数据分析类的场景，并且随着数据体量的增大，它的优势也变得越来越明显。所以 ClickHouse 非常适用于商业智能领域（BI 领域），除此之外，它也能够被广泛应用于电信、金融、电子商务、信息安全、网络游戏、物联网等众多其他领域场景。

然而，ClickHouse 作为一款高性能的 OLAP 数据库，虽然足够优秀，但也不是万能的。我们不应该把它用于任何 OLTP 事务性操作的场景，因为它有以下几点不足：

① 不支持事务；

② 支持但不擅长根据主键按行粒度进行查询；

③ 不支持真正的 Update/Delete 操作。

这些弱点并不能被视为 ClickHouse 的缺点，事实上其他同类的高性能的 OLAP 数据库同样也不擅长上述的这些方面，因为对于一款 OLAP 数据库而言，上述这些能力并不是重点，只能说这是为了达到极致查询性能所做的权衡。

8.2　ClickHouse 的架构及其基本特性

我们可以从集群结构和内部结构两方面来看 ClickHouse 的基础架构。ClickHouse 在集群结构上采用了多主架构，即集群中的每个节点角色对等，客户端访问任意一个节点都能得到相同的效果。这种架构中的每个节点对等的角色使系统架构变得更加简单，不用再区分主控节点、数据节点和计算节点，集群中的所有节点功能相同，同时规避了单点故障的问题，非常适合用于多数据中心、异地多活的场景。

8.2.1　ClickHouse 的架构

从图 8-1 所示的 ClickHouse 的架构可以看出，其主要是由 Column、DataType、Function、Storage、Interpreter、Parser 以及 Server 组成。下面，我们主要结合 ClickHouse 底层设计中的一些概念来讲解 ClickHouse。

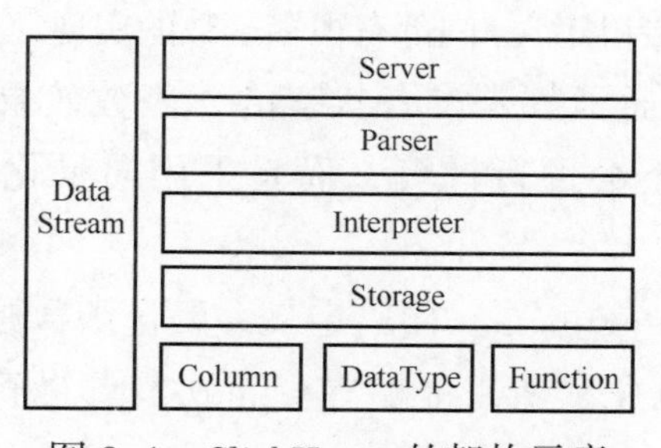

图 8-1　ClickHouse 的架构示意

1. Column 和 Field

Column 和 Field 是 ClickHouse 数据最基础的映射单元。ClickHouse 按列存储数据，

内存中的一列数据由一个 Column 对象表示。在大多数情况下，ClickHouse 都会以整列的方式操作数据，但如果需要操作某列中单个具体的数值，就需要使用 Field 对象，Field 对象代表一个单值。

Column 对象采用泛化设计思路，对象分为接口和实现两个部分。接口定义了对数据进行各种关系运算的方法，这些方法的具体实现，根据数据类型的不同，由相应的对象实现。

Field 对象使用了聚合的设计模式，Field 对象内部聚合了 Null、UInt64、String 和 Array 等多种数据类型和对应的处理逻辑。

2. DataType 和 Block

数据的序列化和反序列化工作由 DataType 负责，虽然 DataType 负责序列化的相关工作，但 DataType 并不直接负责数据的读取，而是转由从 Column 或者 Field 对象获取数据。

虽然 Column 和 Field 组成了数据的基本映射单元，但实际操作中还缺少一些必要信息，如数据的类型和列的名称。于是有了 Block 对象，ClickHouse 内部的数据操作是面向 Block 对象进行的，Block 对象可以被看作数据表的子集。

Block 对象的本质是由数据对象（Column）、数据类型（DataType）和列名称（列名称字符串）组成的三元组。Column 提供了数据的读取能力，DataType 提供了序列化和反序列化，Block 在这些对象的基础上实现了进一步的抽象和封装，从而简化了整个使用的过程，仅通过 Block 对象就能完成一系列的数据操作。

3. Function

ClickHouse 主要提供两类函数：普通函数和聚合函数。

普通函数由 IFunction 接口定义，内部有很多函数的实现，如 FunctionFormatDateTime、FunctionSubstring 等。普通函数是没有状态的，函数效果作用于每行数据之上，在函数执行过程中，并不会逐行计算，而是采用向量化的方式直接作用于一整列数据。

聚合函数由 IAggregateFunction 接口定义，聚合函数是有状态的。聚合函数的状态支持序列化与反序列化，所以能够在分布式节点之间进行传输，从而实现增量计算。

4. Storage

ClickHouse 在数据表的底层设计中并没有所谓的 Table 对象，它直接使用 IStorage 接口指代数据表。

表引擎是 ClickHouse 的一个显著特性，不同的表引擎，例如 IStorageSystemOneBlock（系统表引擎）、StorageMergeTree（合并树表引擎）和 StorageTinyLog（日志表引擎）等由不同的子类实现。

IStorage 接口定义了 DDL（如 alter、rename、drop 等）、read 和 write 方法，分别负责数据的定义、查询与写入。在数据查询时，IStorage 负责根据 AST 查询语句的要求，返回指定列的原始数据。

5. Parser 和 Interpreter

Parser 和 Interpreter 是非常重要的两组接口，Parser 负责创建 AST 对象，Interpreter 负责解释 AST，并进一步创建查询的执行管道。它们与 IStorage 一起串联了整个数据查询过程。

① Parser 可以将一条 SQL 语句解析成 AST 的形式，不同的 SQL 语句会由不同的 Parser 实现类解析。

② Interpreter 对 AST 进行解释，然后创建查询的执行通道。

③ IStorage 负责根据 AST 查询语句的指示要求，返回指定列的原始数据。

④ Interpreter 通过 Block 对象完成一系列的数据操作。

6. Server

服务器实现了多个不同的接口：

① 用于任何外部客户端的 HTTP 接口；

② 用于本机 ClickHouse 客户端以及在分布式查询执行中跨服务器通信的 TCP 接口；

③ 用于传输数据以进行复制的接口。

7. Cluster 和 Replication

在 ClickHouse 集群中，一张数据表可以有多个分片，每个分片都拥有自己的副本。

而 ClickHouse 的 1 个节点只能拥有 1 个分片，也就是说如果实现 1 个分片、1 个副本，则至少需要部署 2 个服务节点。

这里需要注意，分片只是一个逻辑概念，其物理承载还是由副本承担。

8.2.2 ClickHouse 的基本特性

ClickHouse 是一款 MPP（大规模并行处理）架构的列式存储数据库。其发展至今一共经历了 4 个阶段，每个阶段演进，相比之前都进一步取其精华去其糟粕。接下来，我们将介绍 ClickHouse 的一些基本特性，正是这些特性形成的合力使得 ClickHouse 如此优秀。

1. 列式存储

以表 8-1 为例：

表 8-1 员工工资表

Id	Name	Salary
1	张三	10000
2	李四	12000
3	王五	11000

当采用行式存储时，一行中的数据在存储介质中是连续存储的，数据在磁盘上的组织结构为：

1	张三	10000	2	李四	12000	3	王五	11000

此时的好处是想查找某个人的所有属性时，可以在一次磁盘查找后顺序读取就可以。但是想查找所有人的年龄时，就需要不停地查找，或者全表扫描才行，在这个过程中，遍历的很多数据都是不需要的。

而当采用列式存储时，一列中的数据在存储介质中是连续存储的，数据在磁盘上组织结构为：

1	2	3	张三	李四	王五	10000	12000	11000

此时如果想查所有人的工资只需把工资那一列拿出来就可以了。可见，相较于常见的行式存储，列式存储有以下特点：

① 对于列的聚合、计数、求和等统计操作优于行式存储；

② 由于某一列的数据类型都是相同的，针对数据存储更容易进行数据压缩，每一列选择更优的数据压缩算法，大大提高了数据的压缩比率；

③ 由于数据压缩比更好，一方面节省了磁盘空间，另一方面对于 Cache 也有了更大的发挥空间。

2. 涵盖 DBMS 功能

ClickHouse 几乎覆盖了标准 SQL 的大部分语法，包括 DDL 和 DML，以及配套的各种函数、用户管理及权限管理、数据的备份与恢复。

3. 多样化引擎

ClickHouse 和 MySQL 类似，把表级的存储引擎插件化，根据表的不同需求可以设定不同的存储引擎。目前，它包括合并树、日志、接口和其他四大类 20 多种引擎。

4. 高吞吐写入能力

ClickHouse 采用类 LSM Tree 的结构，数据写入后定期在后台 compaction。通过类 LSM tree 的结构，ClickHouse 在数据导入时全部是顺序 append 写，写入后数据段不可更改，在后台 compaction 时也是多个段 merge sort 后顺序写回磁盘。顺序写的特性，充分利用了磁盘的吞吐能力，即便在硬盘驱动器上也有着优异的写入性能。

官方公开 benchmark 测试显示，ClickHouse 磁盘能够达到 50 ~ 200MB/s 的写入吞吐能力，按照每行 100Byte 估算，大约相当于每秒 50 万条至 200 万条的写入速度。

5. 数据分区与线程级并行

ClickHouse 将数据划分为多个 partition，每个 partition 再进一步被划分为多个 index granularity（索引粒度），然后通过多个 CPU 核心分别处理其中的一部分来实现并行数据处理。在这种设计下，单条 Query 就能利用整机所有的 CPU。极致的并行处理能力，极大地缩短了查询时延。所以，ClickHouse 即使对于大量数据的查询也能够化整为零，平行处理。但是，它有一个弊端就是对于单条查询需要使用多 CPU，从而不利于同时并发多条查询。所以对于高 QPS（每秒查询率）的查询业务，ClickHouse 并不是强项。

6. 性能

ClickHouse 像 OLAP 数据库一样，单表查询速度快于关联查询速度，而且使用 ClickHouse 时单表查询和关联查询的速度差距更为明显。

8.3　ClickHouse 的使用案例

1. 概念

在日常工作中，数据仓库开发工程师、数据分析师经常会碰到漏斗分析模型。

漏斗分析，简单来说，就是抽象出某个流程，观察流程中每一步的转化与流失，是衡量转化效果、进行转化分析的重要工具，是一种常见的流程式的数据分析方法。它已经广泛应用于流量监控、产品目标转化等日常数据运营与数据分析的工作中。

漏斗模型分为两种：无序漏斗和有序漏斗。

① 无序漏斗：在漏斗的周期内，不限定漏斗的多个步骤之间事件发生的顺序。

② 有序漏斗：在漏斗的周期内，严格限定漏斗的每个步骤之间事件的发生顺序。

2. 用漏斗进行数据分析

了解了上面的关于漏斗模型的基本概念后，我们看一下如何创建一个漏斗。

① 选一个漏斗类型。

② 添加漏斗步骤。漏斗步骤是漏斗分析的核心部分，步骤间统计数据的对比，就是分析步骤间数据的转化和流失的关键指标。

③ 确定漏斗的时间区间和周期。此类数据的数仓表是按照时间分区的，所以选择时间区间，本质就是选择要计算的数据范围。而周期是指一个漏斗从第一步流转到最后一步的时间，用来界定怎样才是一个完整的漏斗。

④ 漏斗数据的展示。依据设计的漏斗模型，计算出相关表数据。

3. 整体功能设计及漏斗分析模型的实现

漏斗分析流程的整体架构设计如图 8-2 所示。

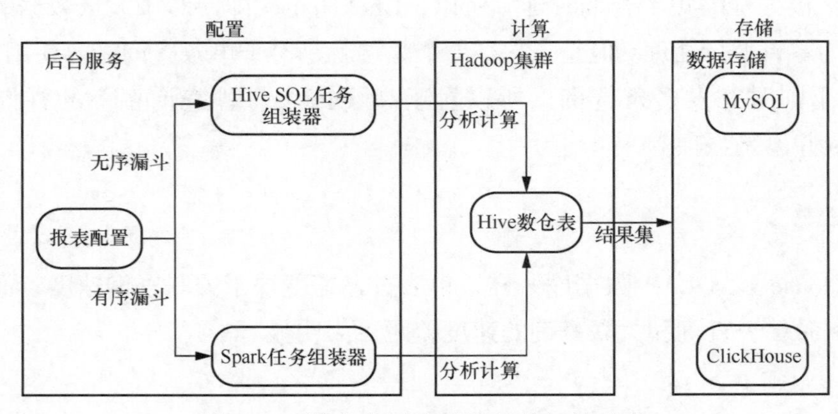

图 8-2 漏斗分析流程的整体架构设计

实现漏斗分析的整体流程主要分为配置、计算、存储 3 个阶段。

（1）配置

此阶段主要是工程端的后台服务实现。用户在前端按照自身需求设置漏斗类型、漏斗步骤、筛选条件、时间区间和周期等。后台服务收到配置请求后，依据漏斗类型选择不同的任务组装器进行任务的组装。

其中，漏斗类型是无序漏斗使用的 Hive SQL 任务组装器，而更加复杂的有序漏斗可以使用 Spark 任务组装器。组装后生成的任务包含了漏斗模型的计算逻辑，比如 Hive SQL 或者 Spark 任务。

（2）计算

平台根据接收到的任务的类型，选择 Hive 或者 Spark 引擎进行分析计算。计算结果同步到 MySQL 或者 ClickHouse 集群。

（3）存储

结果集持久化到数据库中，通过后台服务展示给用户。

在以上步骤中，用户通过自定义的配置，生成相应的 Spark 或者 Hive 任务计算出模型的结果并生成报表，进而展示给用户。这样的流程在提供给用户灵活的配置和个性化的查询的同时，兼顾了节约存储资源。美中不足的是，报表的生成过程依然需要耗费一定的时间成本，尤其是有序漏斗采用了 Spark 计算，对于队列资源也会产生较大的消耗。这点在用户短时间创建大量的分析报表时体现得尤为明显。

所以，我们考虑将一定时期内的相关的数仓数据同步到 ClickHouse，依托 ClickHouse 强大的即时计算和分析能力，为用户提供所查即所得的使用体验。用户可以根据自身业务需求选择即时查询或者离线报表。例如，需要大量组合各类条件进行对比分析的可以选择即时模块，需要长期观察的报表可以选择离线的例行报表。这样就达到了存储和查询效率的平衡。

4. 基于 ClickHouse 的漏斗分析模型——主要函数

（1）windowFunnel(window, [mode, [mode …]])(timestamp, cond1, cond2 … condN)

定义：在所定义的滑动窗口内，依次检索事件链条，输出函数在这个事件链上触及的事件的最大数量。

说明：①该函数检索到事件在窗口内的第一件事件时，将事件计数器设置为 1，此时就是滑动窗口的启动时刻；②如果来自链上的事件在窗口内顺序发生，则计数器递增，如果事件序列中断，则计数器不会增加；③如果数据在不同的完成点具有多个事件链，则该函数将仅输出最长链的大小（函数在这个事件链上触及的事件的最大数量）。

参数如下。

① timestamp：ClickHouse 表中代表时间的列。函数会按照这个时间排序。

② cond：事件链的约束条件。

③ window：滑动窗口的长度，表示首尾两件事件条件的间隙。单位依据 timestamp 的参数而定，即：timestamp of cond1 <= timestamp of cond2 <= … <= timestamp of condN

<= timestamp of cond1 + window。

④ mode：可选的一些配置。

strict：在事件链中，如果有事件是不唯一的，则重复的事件将被排除，同时函数停止计算。

strict_order：事件链中的事件，要严格保证先后次序。

strict_increase：事件链中的事件，事件戳要保持完全递增。

（2）arrayWithConstant(param, length)

定义：生成一个指定长度的数组。

参数：①param——填充字段；②length——数组长度。

（3）arrayEnumerate(arr)

定义：返回数组下标。

参数 arr：数组。

（4）groupArray(x)

定义：创建数组。

（5）arrayCount([func,] arr1)

定义：返回数组中符合函数 func 的元素的数量。

参数：①func——lambda 表达式；②arr1——数组。

（6）hasAll(set, subset)

定义：检查一个数组中的所有元素是否都是另一个数组中的元素，如果是就返回 1。

参数：①set——包含一组元素的任何类型的数组；②subset——需要被检验是否为 set 子集的任意类型数组。

5. 数据准备

首先构建一个 ClickHouse 表 funnel_test，其中包含用户唯一标识（userId）、事件名称（event）、事件发生日期（day）。

建表语句如下。

```
create table funnel_test
(
    userId String,
    event String,
    day DateTime
)
    engine = MergeTree PARTITION BY userId
       ORDER BY xxHash32(userId);
```

插入测试数据如下。

```
insert into funnel_test values(1,'启动','2023-05-01 11:00:00');
insert into funnel_test values(1,'首页','2023-05-01 11:10:00');
insert into funnel_test values(1,'详情','2023-05-01 11:20:00');
insert into funnel_test values(1,'浏览','2023-05-01 11:30:00');
insert into funnel_test values(1,'下载','2023-05-01 11:40:00');

insert into funnel_test values(2,'启动','2023-05-02 11:00:00');
insert into funnel_test values(2,'首页','2023-05-02 11:10:00');
insert into funnel_test values(2,'浏览','2023-05-02 11:20:00');
insert into funnel_test values(2,'下载','2023-05-02 11:30:00');

insert into funnel_test values(3,'启动','2023-05-01 11:00:00');
insert into funnel_test values(3,'首页','2023-05-02 11:00:00');
insert into funnel_test values(3,'详情','2023-05-03 11:00:00');
insert into funnel_test values(3,'下载','2023-05-04 11:00:00');

insert into funnel_test values(4,'启动','2023-05-03 11:00:00');
insert into funnel_test values(4,'首页','2023-05-03 11:01:00');
insert into funnel_test values(4,'首页','2023-05-03 11:02:00');
insert into funnel_test values(4,'详情','2023-05-03 11:03:00');
insert into funnel_test values(4,'详情','2023-05-03 11:04:00');
insert into funnel_test values(4,'下载','2023-05-03 11:05:00');
```

6. 有序漏斗计算

假定漏斗的步骤为：启动→首页→详情→下载。

（1）使用 ClickHouse 的漏斗构建函数 windowFunnel()查询

代码如下。

```
SELECT userId,
       windowFunnel(86400)(
                    day,
                    event = '启动',
                    event = '首页',
                    event = '详情',
                    event = '下载'
             ) as level
FROM (
     SELECT day, event, userId
     FROM funnel_test
     WHERE toDate(day) >= '2023-05-01'
       and toDate(day) <= '2023-05-06'
        )
 GROUP BY userId
 ORDER BY userId;
```

（2）获取每个用户在每个层级的明细数据

通过上一步，我们计算出了每个用户在设定的周期内触达的最大层级。下面计算每个用户在每个层级的明细数据，计算逻辑如下。

```
SELECT userId,
         arrayWithConstant(level, 1) levels,
         arrayJoin(arrayEnumerate(levels)) level_index
    FROM (
        SELECT userId,
             windowFunnel(86400)(
                     day,
                     event = '启动',
                     event = '首页',
                     event = '详情',
                     event = '下载'
                ) as level
        FROM (
            SELECT  day, event, userId
            FROM funnel_test
            WHERE toDate(day) >= '2023-05-01'
              and toDate(day) <= '2023-05-06'
              )
        GROUP BY userId
          );
```

（3）计算漏斗各层的用户数

将上面步骤得到的明细数据按照漏斗层级分组聚合，就得到了每个层级的用户数，总体逻辑如下。

```
SELECT transform(level_index,[1,2,3,4],['启动','首页','详情','下载'],'其他')
as event,
       count(1)
FROM (
    SELECT userId,
         arrayWithConstant(level, 1) levels,
         arrayJoin(arrayEnumerate(levels)) level_index
    FROM (
        SELECT userId,
             windowFunnel(86400)(
                     day,
                     event = '启动',
                     event = '首页',
                     event = '详情',
                     event = '下载'
                ) AS level
        FROM (
            SELECT day, event, userId
            FROM funnel_test
            WHERE toDate(day) >= '2023-05-01'
```

```
                    and toDate(day) <= '2023-05-06'
                    )
            GROUP BY userId
                )
        )
GROUP BY level_index
ORDER BY level_index;
```

7. 无序漏斗计算

假定漏斗的步骤为：启动→首页。

（1）确定计算的数据范围

代码如下。

```
SELECT toDate(day),
       event,
       userId
FROM funnel_test
WHERE toDate(day) >= '2023-05-01'
  and toDate(day) <= '2023-05-06';
```

（2）计算每个 userId 的访问量（pv）和访问用户数（uv）

代码如下。

```
SELECT day,
       userId,
       groupArray(event) as events,
       arrayCount(x-> x = '启动', events)  as level1_pv,
       if(has(events, '启动'), arrayCount(x-> x = '首页', events), 0)  as
level2_pv,
       hasAll(events, ['启动'])  as level1_uv,
       hasAll(events, ['启动','首页'])  as level2_uv
FROM (
      SELECT toDate(day) as day,
             event,
             userId
      FROM funnel_test
      WHERE toDate(day) >= '2023-05-01'
        and toDate(day) <= '2023-05-06')
GROUP BY day, userId;
```

（3）按天统计

按天统计，计算出每天的用户数及每个层级的 pv 和 uv，代码如下。

```
SELECT day AS day,
       sum(level1_pv) as sum_level1_pv,
       sum(level2_pv) as sum_level2_pv,
       sum(level1_uv) as sum_level1_uv,
```

```
    sum(level2_uv) as sum_level2_uv
FROM (
    SELECT day,
           userId,
           groupArray(event) as events,
           arrayCount(x-> x = '启动', events) as level1_pv,
           if(has(events, ' 启 动 '), arrayCount(x-> x = ' 首 页 ', events),
0) as level2_pv,
           hasAll(events, ['启动']) as level1_uv,
           hasAll(events, ['启动','首页']) as level2_uv
    FROM (
        SELECT toDate(day) as day,
               event,
               userId
        FROM funnel_test
        WHERE toDate(day) >= '2023-05-01'
          and toDate(day) <= '2023-05-06')
    GROUP BY day, userId
    )
GROUP BY day
ORDER BY day;
```

8.4 ElasticSearch 简介

说到 ElasticSearch，我们很容易联想到另外两个与它密不可分的软件——Logstash 和 Kibana，它们通常一起配合使用，组成了一套用于日志分析的技术栈。随着技术的发展，越来越多的成员加入其中。在本节中，我们将从 ELK 出发，逐步地去了解 ElasticSearch。

1. ELK 和 ElasticStack

在引入 ElasticSearch 之前，我们先为大家介绍两个重要的概念，那就是 ELK 和 ElasticStack。

ELK 是一个免费开源的日志分析架构技术栈的总称，包含了三大基础组件，分别是 ElasticSearch、Logstash 和 Kibana（ElasticSearch 是一个近实时搜索平台框架；Logstash 是一个数据抽取转化工具；Kibana 是一个可视化工具，可以为 Logstash 和 ElasticSearch 提供日志分析友好的 Web 界面，可以汇总、分析和搜索重要数据日志）。ELK 不仅仅适用于日志分析，还可以支持其他任何数据搜索、分析和收集的场景，日志分析和收集只是更具有代表性，并非唯一性。ELK 的架构如图 8-3 所示。

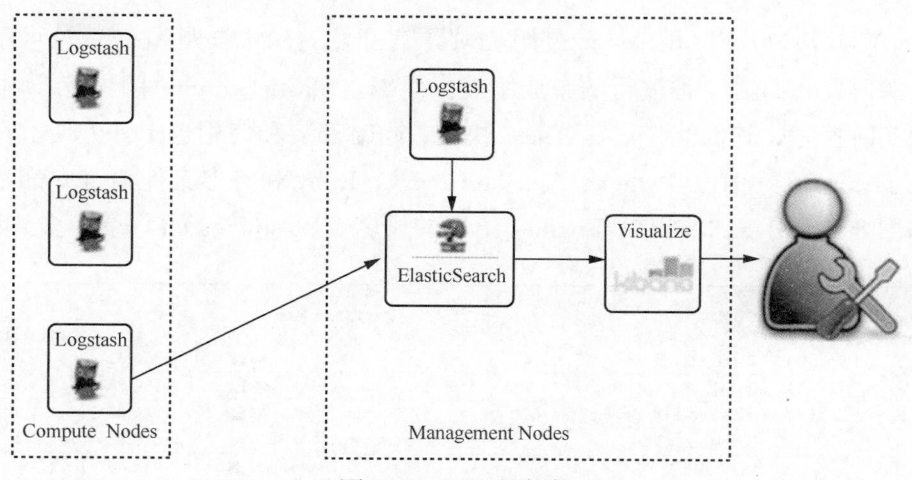

图 8-3　ELK 的架构

随着 ELK 的发展，其又有了新成员 Beats、ElasticCloud（Beats 平台集合了多种单一用途的数据采集器，它们从成百上千或成千上万台机器向 Logstash 或 ElasticSearch 发送数据；ElasticCloud 的架构基于 ElasticSearch 的软件即服务解决方案）的加入，所以它们就和 ElasticSearch、Logstash、Kibana 一起形成了 ElasticStack。ElasticStack 的架构如图 8-4 所示。

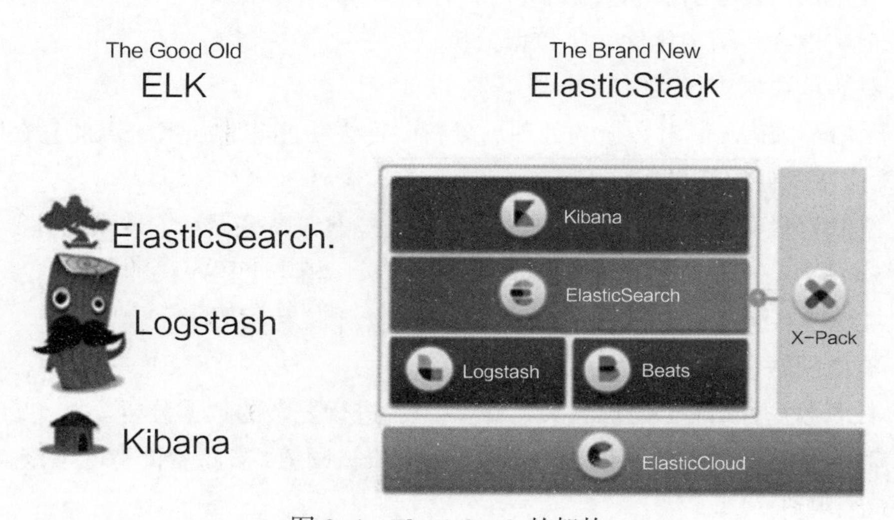

图 8-4　ElasticStack 的架构

2. ElasticSearch 概述

ElasticSearch（简称 ES）是一个基于 Lucene（Lucene 是 Apache 软件基金会 Jakarta 项目组的一个子项目，实际上就是一个 jar 包，里面封装了全文检索的引擎、搜索的算法代码）的搜索服务器。它提供了一个分布式多用户能力的全文搜索引擎，基于

RESTful Web 接口。ElasticSearch 是用 Java 语言开发的，并作为 Apache 许可条款下的开放源码发布，是一种流行的企业级搜索引擎。ElasticSearch 用于云计算中，能够做到实时搜索，其性能稳定、可靠、快速，同时安装和使用也十分方便。官方客户端在 Java、C#、PHP、Python、Apache Groovy、Ruby 和许多其他语言中都是可用的。如图 8-5 所示，根据 DB-Engines 给出的排名，ElasticSearch 深受企业青睐。

Rank			DBMS	Database Model	Score		
Jul 2023	Jun 2023	Jul 2022			Jul 2023	Jun 2023	Jul 2022
1.	1.	1.	Oracle	Relational, Multi-model	1256.01	+24.54	-24.28
2.	2.	2.	MySQL	Relational, Multi-model	1150.35	-13.59	-44.53
3.	3.	3.	Microsoft SQL Server	Relational, Multi-model	921.60	-8.47	-20.53
4.	4.	4.	PostgreSQL	Relational, Multi-model	617.83	+5.01	+1.96
5.	5.	5.	MongoDB	Document, Multi-model	435.49	+10.13	-37.49
6.	6.	6.	Redis	Key-value, Multi-model	163.76	-3.59	-9.86
7.	7.	7.	IBM Db2	Relational, Multi-model	139.81	-5.07	-21.40
8.	8.	8.	Elasticsearch	Search engine, Multi-model	139.59	-4.16	-14.74
9.	9.	9.	Microsoft Access	Relational	130.72	-3.73	-14.37
10.	10.	10.	SQLite	Relational	130.20	-1.02	-6.48

图 8-5 DB-Engines 显示的排名

ElasticSearch 的功能主要有以下几点：

① 分布式的搜索引擎和数据分析引擎；

② 全文检索，结构化检索，数据分析；

③ 对海量数据进行实时的处理。

由于 ElasticSearch 对数据的处理、分析、搜索功能非常强大，因此它在国内外都有非常广泛的使用场景。

① 维基百科：类似于百度百科，具有全文检索、高亮显示、搜索推荐等功能。

② Stack Overflow：一个国外的程序讨论论坛，相当于程序员的贴吧。

③ GitHub：开源代码管理平台，能够搜索上千亿行代码。

④ 电商网站：用于检索商品。

⑤ 日志数据分析：Logstash 采集日志，ES 进行复杂的数据分析。

⑥ 商品价格监控网站：用户设定某商品的价格阈值，当商品价格低于该阈值时，发送通知给用户。

⑦ BI（商业智能）系统：大型连锁超市会用到，用于分析全国网点传回的数据，比如分析各个商品在什么季节的销售量最好、利润最高，以及进行成本管理，对店面租金、员工工资、负债等信息进行分析，从而部署下一阶段的战略目标。

⑧ 百度搜索。

⑨ OA（办公自动化）、ERP（企业资源计划）等系统站内搜索。

3. ElasticSearch 的核心概念

在具体使用 ES 之前，有很多概念需要我们了解，比如 NRT（准实时）、Cluster（集群）、Node（节点）、Index（索引）、Document（文档）、Field（字段）、Type（类型）、Shard（分片）、Replica（副本）等，只有了解了这些核心概念，我们才能更准确地掌握 ES 的结构并使用。

（1）NRT（准实时）

ElasticSearch 是准实时搜索平台，这意味着它经过轻微的延迟（通常为 1s）就可以从入库建索引文件到进行关键字搜索。

（2）Cluster（集群）

集群是由一个或多个节点组成的，对外提供索引和搜索功能。一个集群有唯一的名称，默认为“elasticsearch”。此名称是很重要的，因为每个节点只能是集群的一部分，当该节点被设置为相同的名称时，就会自动加入集群。当有多个集群的时候，要确保每个集群的名称不能重复，否则，节点可能会加入错误的集群。请注意，一个节点只能加入一个集群。此外，整个开发过程还可以拥有多个独立的集群，每个集群都有其不同的集群名称。例如，在开发过程中，我们可以建立开发集群库和测试集群库，分别为开发和测试服务。

（3）Node（节点）

一个节点是一个逻辑上独立的服务，它是集群的一部分，可以存储数据，并参与集群的索引和搜索功能。就像集群一样，一个节点也有唯一的名字，默认是一个随机的和机器相关的名称，在启动的时候分配。如果不想要默认值，则可以定义任何想要的节点名。这个名字在管理中很重要，在网络中 ElasticSearch 集群通过节点名称进行管理和通信。

（4）Index（索引）

索引是包含一堆有相似结构的文档数据。索引创建的规则有：仅限小写字母；不能包含\、/、 *、?、"、<、>、|、#以及空格符等特殊符号；从 ElasticSearch7.0 版本开始不再包含冒号；不能以-、_或+开头；不能超过 255 个字节。

（5）Document（文档）

Document 是 ES 中的最小数据单元，一个 Document 就像数据库中的一条记录。通常，文档之间是独立的，并且以 JSON 格式表示。多个 Document 存储于一个索引中。

（6）Field（字段）

Field 就像数据库中的列，定义每个 Document 应该有的字段。

（7）Type（类型）

每个索引里都可以有一个或多个 Type，Type 是 Index 中的一个逻辑数据分类，在默认情况下是_doc，一个 Type 下的 Document 有相同的 Field。同时注意，ES 6.0 之前的版本有 Type 的概念，Type 相当于关系数据库的表，ES 官方将在 ES 9.0 版本中彻底删除 Type。

（8）Shard（分片）

ES 是分布式的，它会把一个索引拆成多份进行排列，这个拆成多份的能力称之为 Shard。创建索引的时候，是可以指定分片数量的，ES 会自动管理这些分片的排列，并且还会根据需要重新平衡分片。

分片可以支持海量数据和高并发，提升性能和吞吐量，充分利用多台机器的 CPU。

（9）Replica（副本）

在分布式环境下，任何一台机器都可能会随时死机，如果死机，Index 上一个分片也没有，会导致此 Index 不能搜索。所以，为了保证数据的安全，我们会将每个 Index 的分片进行备份，存储在另外的机器上，以保证少数机器死机时 ES 集群仍可以搜索。

能正常提供查询和插入的分片我们将其叫作主分片，其余的我们就称其为备份的分片。

ES 6.0 版本默认新建索引时，共创建 5 个分片和 2 个副本，也就是一主一备，共 10 个分片。所以，ES 集群的最小规模为两台。

8.5 ElasticSearch 的架构及其基本特性

ElasticSearch 是一个功能强大、易用性高、可扩展性强的分布式搜索引擎，可以在很多场景下为用户提供高效、可靠的搜索和分析服务。如此，那么它的背后一定有一个规整、强大的架构支撑着它。下面，我们将对 ES 的 6 层架构及其基本特性做详细介绍。

8.5.1 ElasticSearch 的架构

ElasticSearch 的架构如图 8-6 所示，自下而上包括了网关层、核心层、数据处理层、发现与脚本层、协议层以及应用层。

1. Gateway

Gateway 的主要职责是用来对数据进行持久化，并且在整个集群重启之后可以重新恢复数据。Gateway 代表 ES 索引的持久化存储方式，ES 默认是先把索引存放到内存中，当内存满了时再持久化到硬盘。

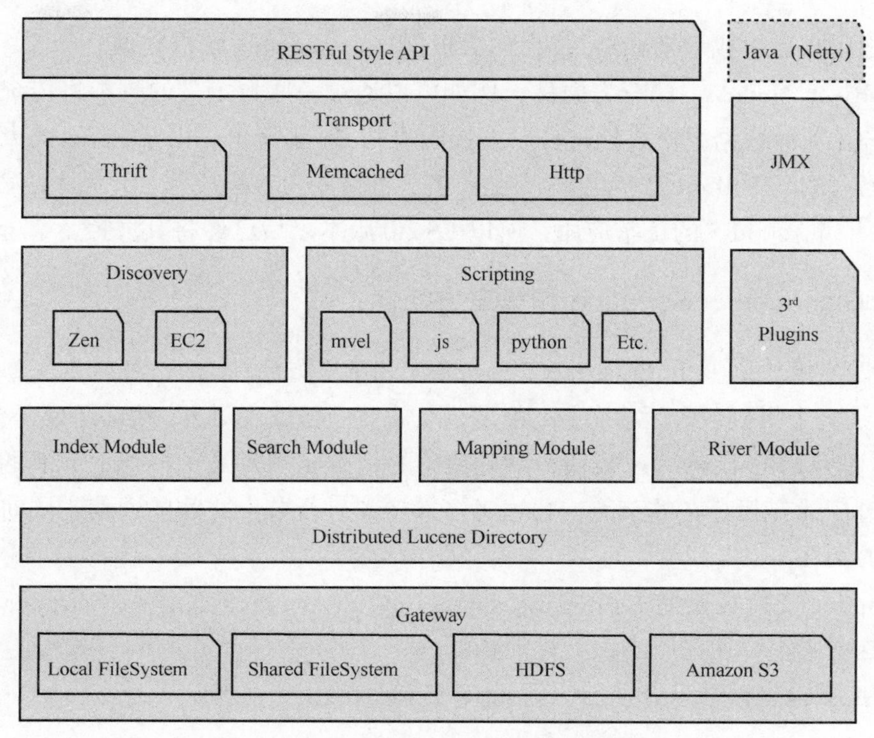

图 8-6　ElasticSearch 架构示意

ES 支持多种类型的 Gateway，有本地文件系统（默认）、共享文件系统、HDFS 和 Amazon 的 S3 云存储服务。但 ES 目前使用本地文件系统，主要利用本机节点、本地文件系统存储索引和文档，其他 3 个都废弃掉了。

2. DLD

Gateway 的上层就是一个 Lucene 的分布式框架——DLD，即 Distributed Lucene Directory（分布式 Lucene 目录）。Lucene 是一个单机的搜索引擎，像这种 ES 分布式搜索引擎，它虽然底层用 Lucene，但是需要在每个节点上都运行 Lucene 进行相应的索引、查询以及更新，所以需要做成一个分布式的运行框架来满足业务的需要。

3. 四大模块组件

DLD 之上就是 ES 的四大模块。

① Index Module：索引模块，对数据建立索引，也就是通常所说的建立倒排索引等。

② Search Module：搜索模块，根据关键词匹配索引查询想要的文档。

③ Mapping Module：数据映射与解析模块，可以根据建立的表结构通过 mapping 进行映射解析数据的每个字段，如果没有建立表结构，ES 就会根据数据类型推测数

据结构之后自己生成一个 mapping，然后根据这个 mapping 解析数据。

④ River Module：第三方插件，例如可以通过一些自定义的脚本将传统的数据库（MySQL）等数据源格式化转换后直接同步到 ES 集群里。由于 River 的大部分内容是自己写的，写出来的内容质量参差不齐，将这些内容集成到 ES 中会引发很多内部 bug，严重影响 ES 的正常应用，所以 ES 2.0 版本之后已经将其去掉。

4. Discovery、Scripting 和第三方插件

ES 四大模块之上是 Discovery、Scripting 和第三方插件。

ES 是一个集群包含很多节点，很多节点需要互相发现对方，然后组成一个集群，这些 ES 都是用的 Discovery 模块，默认使用的是 Zen。ES 是一个基于 P2P 的系统，它先通过广播寻找存在的节点，再通过多播协议进行节点之间的通信，同时也支持点对点的交互。

Scripting 支持在查询语句中插入 JavaScript、Python 等脚本语言，Scripting 模块负责解析这些脚本，使用脚本语句性能稍低。

ES 也支持多种第三方插件，例如 IK 分词器等。

5. Transport、JMX

Discovery、Scripting 和第三方插件的再上层是 ES 的传输模块和 JMX。

传输模块支持多种传输协议，如 Thrift、Memecached、HTTP（默认使用的是 HTTP）采用 RESTful 方式访问。

JMX 是 Java 的管理框架，用来管理 ES 应用。

6. RESTful 接口层

架构的最上层就是 ES 的访问接口。官方推荐的是 RESTful 接口，直接发送 HTTP 请求，方便后续使用 Nginx 做代理、分发，包括可能后续会做权限的管理。HTTP 很容易做这方面的管理。

8.5.2 ElasticSearch 的基本特性

ElasticSearch 的基本特性主要有以下几点。

① 可拓展性：大型分布式集群（数百台服务器）技术，能够处理 PB 级数据，大公司可以使用；小公司数据量小，也可以部署在单机上；在大数据领域使用广泛。

② 技术整合：将全文检索、数据分析、分布式相关技术，即 Lucene（全文检索）、商用的数据分析软件（BI 软件）和分布式数据库（MyCat）整合在一起。

③ 部署简单：开箱即用，很多默认配置不需要关心，解压完成直接运行即可。

拓展时，只需多部署几个实例即可，负载均衡、分片迁移由集群内部自己实施。

④ 接口简单：使用 RESTful API 进行交互，跨语言使用。

⑤ 功能强大：ElasticSearch 作为传统数据库的一个补充，提供了数据库所不能提供的很多功能，如全文检索、同义词处理、相关度排名等。

8.6　ElasticSearch 的使用案例

和 MySQL 一样，ElasticSearch 也支持对数据根据某一字段进行分组然后进行聚合分析。

ElasticSearch 聚合搜索有两个比较常见并且重要的概念：bucket 和 metric。bucket 是数据的分组，当其对某个字段进行分组（SQL 中的 Group By 语法）的时候，这个字段值相同的数据就会被放到一个 bucket 中。metric 是对数据分组执行的统计。当有了一堆 bucket 的时候，就可以对每个 bucket 中的数据进行聚合分析了。

1. 数据准备

这里简单创建一个 mapping，通过 bulk 的方式往里面插入几条数据，用于 demo 的操作。

需要注意的是，聚合分析的字段需要设置 Field Data，不过 keyword 和 date 类型不需要单独设置。

```
PUT /phones
{
  "mappings": {
    "properties": {
      "price":{
        "type":"long"
      },
      "color":{
        "type": "keyword"
      },
      "brand":{
        "type": "keyword"
      },
      "release_date":{
        "type": "date"
      }
    }
  }
```

```
}
PUT /phones/_bulk
{"index":{}}
{"price":100,"color":"白色","brand":"小米","release_date":"2023-02-06"}
{"index":{}}
{"price":150,"color":"白色","brand":"小米","release_date":"2023-02-06"}
{"index":{}}
{"price":200,"color":"黑色","brand":"小米","release_date":"2023-02-08"}
{"index":{}}
{"price":250,"color":"黑色","brand":"小米","release_date":"2023-02-08"}
{"index":{}}
{"price":300,"color":"白色","brand":"华为","release_date":"2023-02-08"}
{"index":{}}
{"price":400,"color":"黑色","brand":"华为","release_date":"2023-02-10"}
{"index":{}}
{"price":500,"color":"灰色","brand":"华为","release_date":"2023-02-11"}
{"index":{}}
{"price":250,"color":"白色","brand":"苹果","release_date":"2023-02-11"}
```

2. 应用案例

（1）统计各个品牌 phone 的数量

根据 brand 进行分组，默认聚合统计就会返回对应 bucket 中的 doc 数量，并设置 size 为 0，表示不返回原数据。

```
GET /phones/_search
{
  "size":0,
  "aggs":{
    "group_brand":{
      "terms":{
        "field":"brand"
      }
    }
  }
}
```

返回结果（doc_count 就表示 bucket 中的 doc 数量）。

```
{
  "took" : 0,
  "timed_out" : false,
  "_shards" : {
    "total" : 1,
    "successful" : 1,
    "skipped" : 0,
    "failed" : 0
```

```
  },
  "hits" : {
    "total" : {
      "value" : 8,
      "relation" : "eq"
    },
    "max_score" : null,
    "hits" : [ ]
  },
  "aggregations" : {
    "group_brand" : {
      "doc_count_error_upper_bound" : 0,
      "sum_other_doc_count" : 0,
      "buckets" : [
        {
          "key" : "小米",
          "doc_count" : 4
        },
        {
          "key" : "华为",
          "doc_count" : 3
        },
        {
          "key" : "苹果",
          "doc_count" : 1
        }
      ]
    }
  }
}
```

（2）统计各个品牌的平均价格

先根据品牌进行分组，然后对price执行avg操作。

```
GET /phones/_search
{
  "size":0,
  "aggs": {
    "group_brand": {
      "terms": {
        "field": "brand",
        "size": 10
      },
      "aggs": {
        "avg_price": {
          "avg": {
            "field": "price"
```

```
            }
          }
        }
      }
    }
}
```

返回结果（bucket 内多了一个 avg_price 字段，就是平均价格）。


```
{
  "took" : 1,
  "timed_out" : false,
  "_shards" : {
    "total" : 1,
    "successful" : 1,
    "skipped" : 0,
    "failed" : 0
  },
  "hits" : {
    "total" : {
      "value" : 8,
      "relation" : "eq"
    },
    "max_score" : null,
    "hits" : [ ]
  },
  "aggregations" : {
    "group_brand" : {
      "doc_count_error_upper_bound" : 0,
      "sum_other_doc_count" : 0,
      "buckets" : [
        {
          "key" : "小米",
          "doc_count" : 4,
          "avg_price" : {
            "value" : 175.0
          }
        },
        {
          "key" : "华为",
          "doc_count" : 3,
          "avg_price" : {
            "value" : 400.0
          }
        },
        {
          "key" : "苹果",
          "doc_count" : 1,
```

```
          "avg_price" : {
            "value" : 250.0
          }
        }
      ]
    }
  }
}
```

（3）根据价格范围划分 bucket

按照价格范围，以 100 为粒度进行分组。

```
GET /phones/_search
{
  "size": 0,
  "aggs": {
    "range_price": {
      "histogram": {
        "field": "price",
        "interval": 100
      },
      "aggs": {
        "avg_price": {
          "avg": {
            "field": "price"
          }
        }
      }
    }
  }
}
```

返回结果如下。

```
{
  "took" : 2,
  "timed_out" : false,
  "_shards" : {
    "total" : 1,
    "successful" : 1,
    "skipped" : 0,
    "failed" : 0
  },
  "hits" : {
    "total" : {
      "value" : 8,
      "relation" : "eq"
    },
    "max_score" : null,
```

```
    "hits" : [ ]
  },
  "aggregations" : {
    "range_price" : {
      "buckets" : [
        {
          "key" : 100.0,
          "doc_count" : 2,
          "avg_price" : {
            "value" : 125.0
          }
        },
        {
          "key" : 200.0,
          "doc_count" : 3,
          "avg_price" : {
            "value" : 233.33333333333334
          }
        },
        {
          "key" : 300.0,
          "doc_count" : 1,
          "avg_price" : {
            "value" : 300.0
          }
        },
        {
          "key" : 400.0,
          "doc_count" : 1,
          "avg_price" : {
            "value" : 400.0
          }
        },
        {
          "key" : 500.0,
          "doc_count" : 1,
          "avg_price" : {
            "value" : 500.0
          }
        }
      ]
    }
  }
}
```

习　题

1．什么是 ClickHouse？它的特点是什么？
2．ClickHouse 的数据存储方式是什么？它与传统的行式存储有什么区别？
3．ClickHouse 的优缺点是什么？它适用于哪些场景？
4．ClickHouse 支持哪些数据类型？
5．ClickHouse 为何如此之快？
6．ElasticSearch 是什么？它与 MySQL 有哪些区别？
7．ElasticSearch 的倒排索引是什么？
8．ElasticSearch 有哪些特性？
9．使用 ClickHouse，编写 SQL 语句，让表 8-2 经过该 SQL 语句输出为表 8-3。

表 8-2　原表

id	gender	agegroup	favoritecolor
1	M	post-90s	red
2	F	post-90s	black
3	F	post-70s	red
4	M	post-90s	blue
5	F	post-80s	blue

表 8-3　输出表

tag	tag_value	id
gender	M	[1,4]
gender	F	[2,3,5]
agegroup	post-90s	[1,2,4]
agegroup	post-70s	[3]
agegroup	post-80s	[5]
favoritecolor	red	[1,3]
favoritecolor	black	[2]
favoritecolor	blue	[4,5]

10．请使用 ElasticSearch 完成以下操作。

（1）请把以下文档导入 ElasticSearch。

```
{"id": 1, "studentNo": "es-001", "name": "Jonh Smith", "major":"Mathematics",
"gpa": 4.8, "yearOfBorn": 2000, "classOf":   2018,   "interest":   "soccer,
```

```
basketball, badminton, chess"}

{"id": 2, "studentNo": "es-002", "name": "Da Vinci", "major":"Big Data",
"gpa": 3.6, "yearOfBorn": 2001, "classOf": 2019, "interest": "novel, soccer,
cooking"}

{"id": 3, "studentNo": "es-003", "name": "John Kerry", "major":"Software
Engineering", "gpa": 4.2, "yearOfBorn": 2000, "classOf": 2018, "interest:
"talking, dating, boxing, shooting, chess"}

{"id": 4, "studentNo": "es-004", "name": "John Kennedy", "major":"Software
Engineering", "gpa": 4.1, "yearOfBorn": 1999, "classOf": 2017, "interest:
"reading, basketball"}

{"id": 5, "studentNo": "es-005", "name": "Isaac Newton", "major":
"Information Security", "gpa": 4.8, "yearOfBorn": 2001, "classOf": 2019,
"interest": "drawing, music, violin"}
```

（2）同时查询 id 为 1、2、5 的文档。

（3）查询名字不为 John 的文档。

（4）查询在 2018 年以前入学的文档。

（5）把 id 为 4 的文档添加一个兴趣“climbing”。

第 9 章 大数据实时处理技术

主要内容

Spark 和 Flink 都是大数据实时处理技术。它们都是在大数据环境中处理大规模数据集的分布式计算框架，支持流处理和批处理。Spark 是一个开源的大数据处理框架，支持快速而高效的数据处理、机器学习、图形处理等任务。Flink 是一个分布式数据流处理框架，支持高吞吐量、低时延和准确的流处理。Flink 采用流数据模型，能够以非常低的时延处理来自各种数据源的数据。Flink 还支持批处理模式，可以用于离线数据处理。

虽然 Spark 和 Flink 有很多共同点，但是它们在某些方面也有所不同，例如：Spark 主要基于内存处理，而 Flink 则更加注重流处理能力。选择哪个技术取决于具体需求和场景。

9.1 Spark——分布式技术

Spark 是一个围绕速度、易用性和复杂分析构建的大数据处理框架。由于 Spark 扩展了广泛使用的 MapReduce 计算模型，能高效地支撑更多的计算模式，包括交互式查询和流处理。它能够在内存中进行计算，能依赖磁盘进行复杂的运算等。因此，Spark 比 MapReduce 更加高效，从而成为现在大数据中应用得最多的计算模型。

9.1.1 Spark 概述与架构

Spark 的发展历史可以追溯到 2009 年，当时它是加州大学伯克利分校 AMPLab 项目的一部分，旨在解决在 Hadoop 上运行迭代算法的性能问题。该项目由 Matei Zaharia 领导，并由伯克利的研究团队共同开发。

2010 年，Spark 以 Apache 许可证开源发布，并迅速获得了社区的关注和支持。2013 年，Spark 成为 Apache 软件基金会的顶级项目，随着时间的推移，其社区不断壮大，并不断推出新的特性和进行改进。

2014 年，Spark 1.0 版本发布，引入了 Spark SQL、MLlib 和 Spark Streaming 等模块，这使得 Spark 成为一款完整的大数据处理框架。随后，Spark 逐渐流行起来，成为大数据处理的重要工具之一。

2016 年，Spark 2.0 版本发布，带来了许多新特性，其中包括结构化数据处理、数据源 API、SQL 2003 兼容性等。同时，Spark 的社区不断扩大，加入了大量的企业和组织，这些企业和组织的支持使得 Spark 在大数据处理领域持续发展。

目前，Spark 已经成为大数据处理的标准之一，拥有广泛的应用场景，如数据处理、机器学习、图形处理、数据可视化等。Spark 不断发展，并不断推出新的特性和进行改进，以满足不断增长的大数据处理的需求。

Spark 保留了 Hadoop MapReduce 高容错和高伸缩的特性。不同的是，Spark 将中间结果保存在内存中，从而不再需要读/写 HDFS。因此，Spark 能更好地适用于数据挖掘与机器学习等需要迭代的 MapReduce 模式的算法。Spark 可以将 Hadoop 集群中的应用在内存中的运行速度提升至原来的约 100 倍，在磁盘上的运行速度提升至原来的约 10 倍。它具有快速、易用、通用、兼容性好 4 个特点，实现了高效的有向无环图（DAG）执行引擎，支持通过内存计算高效处理数据流。我们可以使用 Java、Scala、Python、R 等语言轻松地构建 Spark 并行应用程序，以及通过 Python、Scala 的交互式 Shell 在 Spark 集群中验证解决思路是否正确。Spark 的 Logo 如图 9-1 所示。

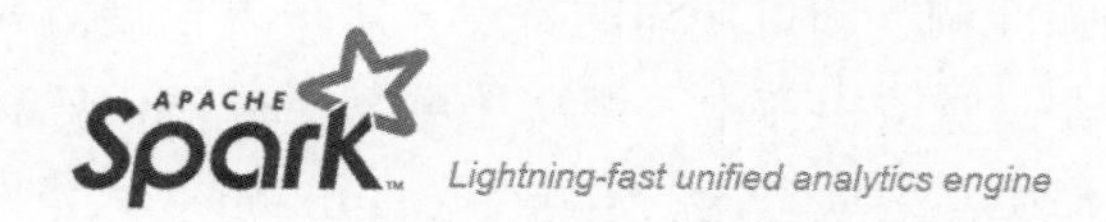

图 9-1　Spark 的 Logo

不同于 Hadoop 只包括 MapReduce 和 HDFS，Spark 的体系架构包括 Spark Core 及在 Spark Core 基础上建立的应用框架 SparkSQL、Spark Streaming、MLlib、GraphX 等。Spark Core 是 Spark 中最重要的部分，相当于 MapReduce，它和 MapReduce 完成的都是离线数据分析。Spark Core 包括 Spark 的主要入口点（即编写 Spark 程序用到的第一个类）、整个应用的上下文、弹性分布式数据集（RDD）、调度器、对无规则的数据进行重组排序、序列化器等。SparkSQL 提供通过 Hive 查询语言（HiveQL）与 Spark 进行交互的 API，将 SparkSQL 查询转换为 Spark 操作，并且每个数据库表都被当成一个 RDD。Spark Streaming 对实时数据流进行处理和控制，允许程序处理像普通 RDD 一样处理实时数据。MLlib 是 Spark 提供的机器学习算法库。GraphX 提供了控制图、并行图操作与计算的算法和工具。Spark 的体系架构如图 9-2 所示。

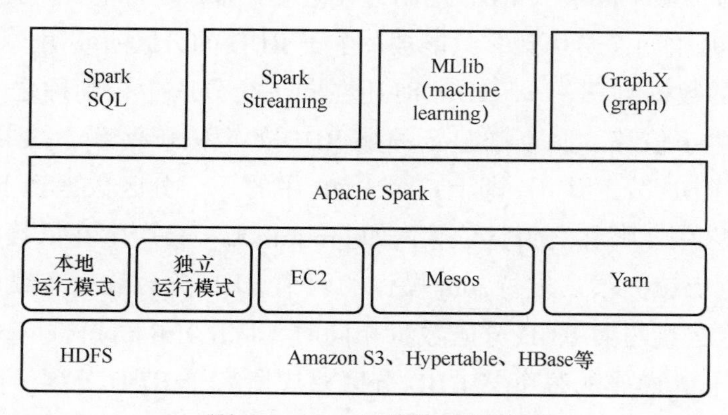

图 9-2　Spark 的体系架构

Spark 的运行模式灵活多变，部署在单机上时，既可以用本地模式运行，也可以用伪分布模式运行；而当以分布式集群的方式部署时，需要根据集群的实际情况来选择，底层的资源调度既可以依赖外部资源调度框架，也可以使用 Spark 内建的 Standalone 模式。目前常用的 Spark 运行模式根据资源管理器的不同可以分为 Standalone 模式、Spark on Yarn 模式和 Mesos 模式 3 种。

9.1.2 弹性分布式数据集

弹性分布式数据集（RDD）是 Spark 提供的最主要的数据抽象，是对分布式内存的抽象使用，是以操作本地集合的方式来操作分布式数据集的抽象实现。作为跨集群节点间的一个集合，RDD 可以并行地进行操作，控制数据分区。RDD 具有自动容错、位置感知性调度和可伸缩的特点，用户可根据需要对数据进行划分，自行选择将数据保存在磁盘或内存中。用户还可以要求 Spark 在内存中持久化一个 RDD，以便在并行操作中高效地重用，省去了 MapReduce 大量的磁盘 I/O 操作。这对于迭代运算比较常见的机器学习、交互式数据挖掘来说，大大地提升了运算效率。

通常，数据处理的模型有 4 种：迭代算法、关系查询、MapReduce 和流式处理，而 RDD 实现了以上 4 种模型，使得 Spark 可以应用于各种大数据处理场景。RDD 具有以下 5 个特征。

① Partition（分区）。Partition 是数据集的基本组成单位，RDD 提供了一种高度受限的共享内存模型，即 RDD 作为数据结构，本质上是一个只读的记录分区的集合。一个 RDD 会有若干个分区，分区的大小决定了并行计算的粒度，每个分区的计算都被一个单独的任务处理。用户可以在创建 RDD 时指定 RDD 的分区个数，默认数目是程序所分配到的 CPU Core 的数目。

② Compute（Compute 函数）。Compute 是每个分区的计算函数。Spark 中的计算都是以分区为基本单位的，每个 RDD 都会通过 Compute 函数来达到计算的目的。

③ Dependencies（依赖）。RDD 之间存在依赖关系，分为宽依赖关系和窄依赖关系。如果父 RDD 的每个分区最多只能被一个子 RDD 的分区所使用，即上一个 RDD 中的一个分区的数据到下一个 RDD 时还在同一个分区中，则称之为窄依赖。如 map 操作会产生窄依赖，图 9-3 显示的是 RDD 的窄依赖关系。如果父 RDD 的每个分区被多个 RDD 分区使用，即上一个 RDD 中的一个分区数据到下一个 RDD 时出现在多个分区中，则称之为宽依赖。如 groupByKey 会产生宽依赖，图 9-4 显示的是 RDD 的宽依赖关系。进行 join 操作的两个 RDD 分区数量一致且 join 结果得到的 RDD 分区数量与父 RDD 分区数量相同时（join with inputs co-partitioned）为窄依赖；进行 join 操作的每个父 RDD 分区对应所有子 RDD 分区（join with inputs not co-partitioned）时为宽依赖。

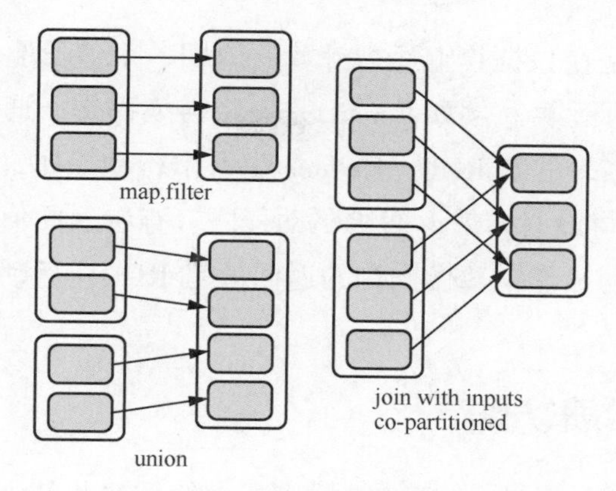

图 9-3　窄依赖关系

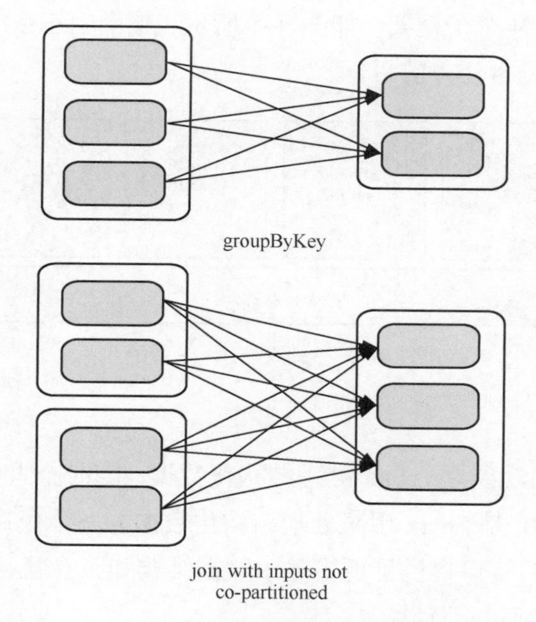

图 9-4　宽依赖关系

具有窄依赖关系的 RDD 可以在同一个 Stage 中进行计算，不存在 Shuffle 过程，所有操作在一起进行。宽依赖存在 Shuffle 过程，但需要等待上一个 RDD 的所有任务执行完成才可进行下一个 RDD 任务。

④ Partitioner（分区函数）。Partitioner 只存在于 key-value 类型的 RDD 中，非 key-value 类型的 RDD 的 Partitioner 值是 None。Partitioner 函数不但决定了 RDD 本身的分片数量，也决定了父 RDD Shuffle 后输出的分片数量。

⑤ PreferredLocations（优先位置）。按照“移动数据不如移动计算”的原则，Spark 在进行任务调度时，会优先将任务分配到数据块存储的位置。

RDD 支持两种类型的操作：转换和行动。转换操作是从现有的数据集上创建新的数据集；行动操作是在数据集上运行计算后返回一个值给驱动程序，或把结果写入外部系统，触发实际运算。例如，map 是一个转换操作，通过函数传递数据集元素，并返回一个表示结果的新 RDD。Reduce 是一个行动操作，它使用一些函数聚合 RDD 的所有元素，并将最终结果返回给驱动程序。查看返回值类型可以判断函数是属于转换操作还是行动操作：转换操作的返回值是 RDD，行动操作的返回值是数据类型。

9.1.3 Spark 的扩展功能

目前 Spark 的生态系统以 Spark Core 为核心，然后在此基础上建立了处理结构化数据的 Spark SQL、对实时数据流进行处理的 Spark Streaming、机器学习算法库 MLlib、用于图计算的 GraphX 4 个子框架。如图 9-5 所示，整个生态系统实现了在一套软件栈内完成各种大数据分析任务的目标。

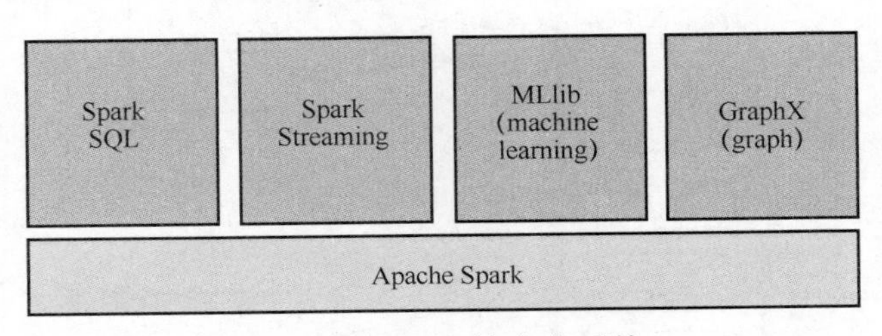

图 9-5 Spark 的生态系统

（1）Spark SQL

Spark SQL 的主要功能是分析、处理结构化数据，随时查看数据结构和正在执行的运算信息。Spark SQL 是 Spark 用来处理结构化数据的一个模块，不同于 Spark RDD 的基本 API，Spark SQL 接口提供了更多关于数据结构和正在执行的计算结构的信息，并利用这些信息更好地进行优化。

Spark SQL 具有以下特征。

① 易整合。Spark SQL 可以将 SQL 查询与 Spark 程序无缝整合，可以在 Spark 程序中查询结构化数据，可以使用 SQL 或熟悉的 DataFrame API 等执行引擎，并且支持 Java、Scala、Python 和 R 语言。

② 统一数据访问方式。Spark SQL 可以以同样的方式连接到任何数据源。DataFrame 和 SQL 提供了访问各种数据源的常用方法，这些方法包括 Hive、Avro、Parquet、ORC、JSON 和 JDBC。

③ 兼容 Hive。Spark SQL 可以在现有仓库上运行 SQL 或 HiveQL 查询；允许访问现有的 Hive 仓库，支持 HiveQL 语法及 Hive 串行器、解串器和用户定义函数。

④ 标准的数据连接。Spark SQL 可以通过 JDBC 或 ODBC 连接；支持商业智能软

件等外部工具通过标准数据库连接器（JDBC/ODBC）连接 Spark SQL 进行查询。

（2）Spark Streaming

Spark Streaming 用于处理流式计算，是 Spark 核心 API 的一个扩展。它支持可伸缩、高吞吐量、可容错地处理实时数据流，能够和 Spark 的其他模块无缝集成。Spark Streaming 支持从多种数据源，如 Kafka、Flume、HDFS 和 Kinesis 等获取数据，获取数据后可以通过 map、reduce、join 和 window 等高级函数对数据进行处理；最后还可以将处理结果推送到文件系统、数据库等。Spark Streaming 的结构如图 9-6 所示。

图 9-6　Spark Streaming 的结构

Spark Streaming 是一个粗粒度的框架，也就是只能对一批数据指定处理方法。其处理数据的核心是采用微批次架构。Spark Streaming 的内部工作流程如图 9-7 所示。Spark Streaming 启动后，数据不断通过 input data stream 进来，根据时间划分成不同的任务（batches of input data），即 Spark Streaming 接收实时数据流并将数据分解成批处理；然后由 Spark Engine 处理，批量生成最终的结果流。

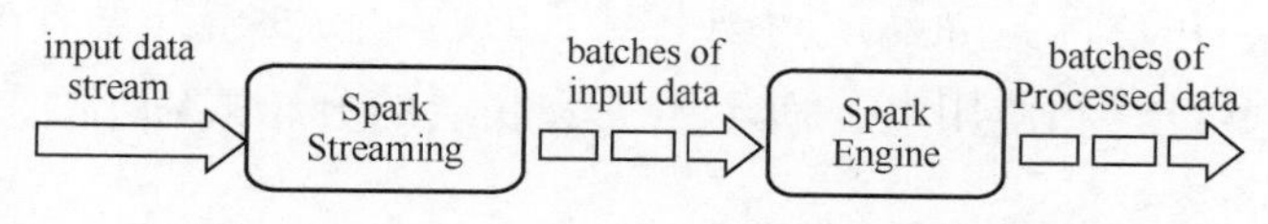

图 9-7　Spark Streaming 的内部工作流程

（3）MLlib

MLlib（Machine Learning lib）是 Spark 的机器学习算法的实现库，同时包括相关的测试和数据生成器，特意为在集群上并行运行而设计，旨在使机器学习变得可扩展和更容易实现。MLlib 目前支持常见的机器学习算法，这里包括底层的优化原语和高层的管道 API。具体来说，MLlib 主要包括以下 5 个方面的内容。

① 机器学习算法：常见的学习算法，如分类、回归、聚类和协同过滤。

② 特征化：特征提取、变换、降维和选择。

③ 管道：用于构造、评估和优化机器学习管道的工具。

④ 持久性：保存和加载算法、模型和管道。

⑤ 实用工具：线性代数、统计、数据处理等工具。

（4）GraphX

GraphX 是 Spark 中一个用于图形并行计算的组件，其结构如图 9-8 所示。GraphX 通过引入核心抽象 Resilient Distributed Property Graph（一种点和边都带属性的有向多重图）扩展了 Spark RDD 这种抽象的数据结构。Property Graph 有 Table 和 Graph 两种视图，但只有一份物理存储，物理存储由 VertexRDD 和 EdgeRDD 两个 RDD 组成。这两种视图都有自己独有的操作符，从而使操作更加灵活，提高了执行效率。

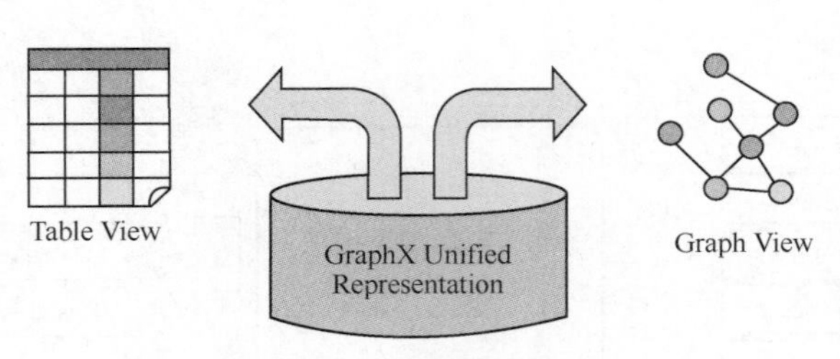

图 9-8　GraphX 的结构

从社交网络到自然语言建模，图数据的规模和重要性已经促进了许多并行图系统的发展，图计算被广泛应用于社交网站中，如 facebook、twitter 等都需要使用图计算来计算用户彼此之间的联系。当一个图的规模非常大时，就需要使用分布式图计算框架。与其他分布式图计算框架相比，GraphX 最大的贡献是在 Spark 中提供了一站式数据解决方案，从而可以方便且高效地完成图计算的一整套流水作业。

GraphX 采用分布式框架的目的是将对巨型图的各种操作包装成简单的接口，从而在分布式存储、并行计算等复杂问题上对上层透明，使得开发者可以更加聚焦在图计算相关的模型设计和使用上，而不用关心底层的分布式细节，极大地满足了其对分布式图处理的需求。

9.1.4　Spark 的应用举例

在数据处理应用中，大数据工程师将 Spark 技术应用于广告、报表、推荐系统等业务中，在广告业务中，利用 Spark 系统进行应用分析、效果分析、定向优化等；在推荐系统业务中，利用 Spark 内置机器学习算法训练模型数据，进行个性化推荐及热点点击分析等，而其中最为典型的就是用户画像系统。

早期的用户画像起源于交互设计之父 Alan Cooper 提出的“Personas are a concrete representation of target users”。用户画像（Personas）是对目标用户的具体描述，又被称为用户角色，是基于大量目标用户群的真实信息构建的用户标签体系，是对产品或服务的目标人群做出的特征刻画。它通过收集用户的人口统计信息、偏好信息及行为信息等，构建出用户画像，可以让产品经理更好地了解用户，设计出合适的产品原型，因此，用户画像是用户需求与产品设计之间联系的桥梁。

阶段一：早期的用户数据来源渠道少，数据量级小，用户画像的研究主要基于统计分析层面。用户画像标签主要是通过用户调研来构建的。

阶段二：加利福尼亚大学的 Syskill 和 Webert 就是通过显式地收集网站用户对页面的满意度，然后通过统计分析逐步学习构建出用户兴趣模型的。

阶段三：随着互联网及信息采集技术的发展，卡内基梅隆大学开发的 Web Watcher 以及后来的 Personal Web Watcher，可以通过数据采集器，记录互联网上用户产生的各种浏览行为及用户的兴趣偏好，实现对用户兴趣模型的构建，并随着数据的不断累积而更新系统模型，因此用户画像标签也更加丰富。

在大数据时代下，人们产生、获取、处理和存储的数据量呈指数级增长，过去基于统计模型的决策无法满足人们的个性化要求。逐步演变为基于数据驱动的决策，即如何使用算法模型实现用户画像中的用户行为预测，已经成为产品经理及运营工作人员的关注重点。用户画像的含义也处于动态变化中，是一个动态完善的过程，这种基于数据建模的用户画像模型被称为 User Profile。

目前的用户画像研究主要集中在用户属性、用户偏好和用户行为 3 个主要方面：①用户属性的研究侧重于显式地搜集用户特征信息，主要体现在社会化标注系统领域，用户画像分析平台通过社会化标注系统搜集比较全面的用户信息，用于多方位地了解用户；②用户偏好研究侧重于制订兴趣度度量方法，评估用户的兴趣度，提高个性化推荐质量；③用户行为的研究侧重于用户行为趋势的预测，如用户流失行为的预测，有利于提前发现问题，找出对应策略，防止用户流失。不同研究领域的用户画像研究方法也会有所差异，常用的有决策树、逻辑回归、支持向量机及神经网络等。

用户画像应用领域较为广泛，从初期吸引新用户，到深度挖掘潜在用户；从精心培育忠实用户群体，到策略性挽回流失用户。该技术凭借对用户兴趣偏好、生活习惯及人口统计特性的深度剖析，为营销活动精确制导，强化推荐系统的个性化匹配能力，从而直接推动服务与产品的质量升级，并有力拉动企业盈利增长。此外，用户画像还在广告精确定位、前瞻产品布局及构建行业趋势分析报告等方面发挥着不可或缺的作用，全方位赋能商业决策与市场战略。

（1）精准营销

常见的营销方式包括 App 信息推送、短信营销和邮件营销等。随着运营方式从粗放式到精细化，用户画像技术能更深入和直观地了解用户，而越了解用户就越能够做出正确的决策，通过对产品或服务的潜在用户进行分析，将用户划分成更细的粒度，针对特定群体进行营销，辅以短信、推送、邮件、活动等手段，趋以关怀、挽回、激励等策略，既能减少全量推送造成的资源浪费，又能达到较好的营销转化效果。

（2）推荐系统

用户画像常用在电商、社交和新闻等应用的个性化推荐系统中。互联网时代下的信息是过载的，用户量级巨大且用户之间千差万别。如果根据用户的行为习惯、购物或阅读记录来打造基于内容的推荐系统，则实现的千人千面的个性化推荐可以加深应用的用户黏性。在电商行业中，推荐系统的价值在于挖掘用户潜在的购买需求，缩短用户到商品的距离，提升用户的购物体验。

（3）广告投放

广告的本质是传播，是为了某种特定的需要通过一定形式的媒体，公开而广泛地向公众传递信息的宣传手段。著名广告大师约翰·沃纳梅克提出过“我知道我的广告费有一半浪费了，但遗憾的是，我不知道是哪一半被浪费了”。用户画像技术使最早的广而告之逐渐转变为精准的定向投放，对用户数据进行标签化，还原用户的信息全貌。广告主可以通过标签筛选要触达的用户，进而实现针对特定用户群体进行广告投放，减少不必要的广告费用。

9.2 Flink——分布式实时处理引擎

Flink 起源于 Stratosphere 项目，Stratosphere 是在 2010~2014 年由 3 所地处柏林的大学和欧洲一些其他大学共同进行的研究项目。2014 年 4 月，Stratosphere 的代码被复制并捐赠给了 Apache 软件基金会，参加这个孵化项目的初始成员是 Stratosphere 系统的核心开发人员。2014 年 12 月，Flink 一跃成为 Apache 软件基金会的顶级项目。

在德语中，Flink 一词表示快速和灵巧，项目采用一只松鼠的彩色图案作为 Logo，这不仅是因为松鼠具有快速和灵巧的特点，还因为柏林的松鼠有一种迷人的红棕色，而 Flink 的松鼠 Logo 拥有可爱的尾巴，尾巴的颜色与 Apache 软件基金会的 Logo 颜色相呼应，也就是说，这是一只 Apache 风格的松鼠。Flink 的 Logo 如图 9-9 所示。

图 9-9　Flink 的 Logo

Flink 项目的理念：Apache Flink 是为分布式、高性能、随时可用以及准确的流处理应用程序打造的开源流处理框架。

9.2.1　Flink 的原理与架构

Apache Flink 是一个框架和分布式处理引擎，用于在无边界和有边界数据流上进行有状态的计算。Flink 能在所有常见集群环境中运行，并能以内存速度和任意规模进行计算。接下来，我们来介绍 Flink 中的重要概念。

Apache Flink 可以处理无界和有界数据。任何类型的数据都可以形成一种事件流。信用卡交易、传感器测量、机器日志、网站或移动应用程序上的用户交互记录，这些数据都可以形成一种流。数据可以被作为无界或者有界来处理。

无界数据流有定义流的开始，但没有定义流的结束。它们会无休止地产生数据。无界数据流的数据必须持续处理，即数据被摄取后需要立刻处理。通常不能等到所有数据都到达再处理，因为输入是无限的，在任何时候输入都不会完成。处理无界数据通常要求以特定顺序摄取事件，例如事件发生的顺序，以便能够推断结果的完整性。

有界数据流有定义流的开始，也有定义流的结束。有界数据流可以在摄取所有数据后再进行计算。有界数据流的所有数据可以被排序，所以并不需要有序摄取。有界数据流的处理通常被称为批处理。有界数据流与无界数据流如图 9-10 所示。

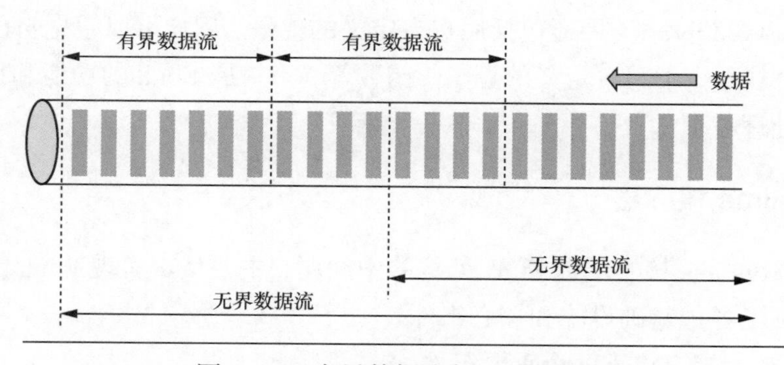

图 9-10　有界数据流与无界数据流

Apache Flink 擅长处理无界和有界数据集精确的时间控制和状态化，使得 Flink 的运行时（Runtime）能够运行任何处理无界数据流的应用。针对有界数据流，Flink 利用专门针对固定大小数据集优化的算法和数据结构，实现了卓越的处理性能。

Flink 的架构体系遵循分层架构设计的理念，基本上分为 3 层：API&Libraries 层、Runtime 核心层以及物理部署层。Flink 的架构体系如图 9-11 所示。

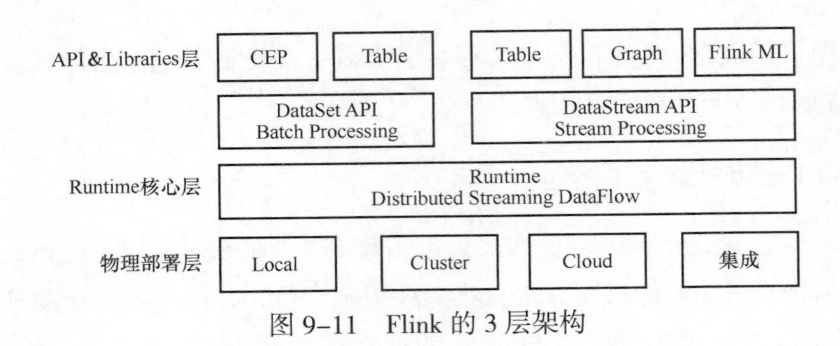

图 9-11 Flink 的 3 层架构

1. API & Libraries 层

Flink 的 API & Libraries 层是 Flink 架构的顶层，包括了 Flink API、Library 以及用户自定义的代码。

在 API 方面，Flink 提供了 Java 和 Scala 两种编程语言的 API，可以让用户方便地使用 Flink 的各种功能和特性。用户可以使用 DataStream API 或者 DataSet API 来进行数据处理和分析，也可以使用 Table API 或者 SQL API 来进行基于表的查询和分析。此外，Flink 还提供了 CEP（复杂事件处理）库、Gelly 图计算库、ML（机器学习）库等多个扩展库，方便用户进行更加复杂和细粒度的数据处理和分析。

在 Library 方面，Flink 提供了多个常用的 Library，例如 Kafka、Hadoop、ElasticSearch、Redis 等，可以方便地与 Flink 进行集成。用户可以使用这些 Library 来读取数据源、输出数据到外部存储等。

另外，API & Libraries 层还包括用户自定义的代码。用户可以根据自己的业务需求和数据处理场景，编写自定义的算子、函数等，来扩展 Flink 的功能和特性，满足自己的数据处理需求。

2. Runtime 核心层

Flink 的 Runtime 核心层是 Flink 架构的中间层，主要负责实现 Flink 的分布式计算能力，包括了各种基础设施和核心组件。

Runtime 核心层有以下几个重要组件。

① TaskManager：Flink 的工作节点，是 Flink 执行任务的基本单位。每个 TaskManager 可以运行多个任务，每个任务又可以分为多个子任务，每个子任务处理数据的一个分区。

② JobManager：Flink 的主节点，负责接收用户提交的任务，将任务分配给 TaskManager 执行，并协调各个 TaskManager 之间的协作。JobManager 还负责监控任务执行状态，并在任务失败或异常退出时重新启动任务。

③ Task：Flink 执行计算任务的基本单元，由若干个算子组成。每个 Task 在运行时，会从输入队列中读取数据，经过一系列算子的处理后，将结果输出到输出队列中。

④ DataStream/DataPartition：Flink 中处理流式数据的数据集，它由若干个 DataPartition 组成，每个 DataPartition 表示数据流的一个分区。DataPartition 是 Flink 中处理分布式数据的基本单元，由若干个数据记录组成，每个数据记录表示数据流中的一个元素。

⑤ Checkpoint 和 Savepoint：Flink 中实现容错和恢复的重要机制。Checkpoint 是 Flink 自动触发的中间状态快照，会将计算任务的中间状态保存到外部存储系统中，以便任务失败时能够快速恢复。Savepoint 是用户手动触发的任务状态快照，允许用户在任务运行期间保存任务状态，以便以后能够重新启动任务。

3. 物理部署层

物理部署层主要涉及 Flink 的部署模式，目前 Flink 支持多种部署模式：本地、集群（Standalone/YARN）、云（GCE/EC2）、Kubernetes。Flink 通过该层能够支持不同的部署，用户可以根据需要选择使用对应的部署模式。

Flink 的物理部署层包括集群管理器和资源管理器两个主要组件。

① 集群管理器：Flink 支持多种集群管理器，包括 Standalone、YARN、Mesos 和 Kubernetes 等。集群管理器负责分配并管理计算资源，监控任务的执行状态，以及协调任务的调度和容错恢复等工作。

② 资源管理器：用于管理集群中的计算资源，例如 CPU、内存、网络等。它通过插件的形式与集群管理器进行交互，获取集群资源的信息，并将任务分配到可用的计算资源上。在 Flink 中，资源管理器包括 TaskManager 和 JobManager 两个子组件。

a．TaskManager：每个 TaskManager 负责执行一个或多个任务的子任务。它们会在各自的计算资源上执行具体的任务操作，包括数据的输入、转换和输出等。

b．JobManager：Flink 任务执行的控制中心，负责任务的调度、容错恢复、状态管理和结果收集等工作。它与所有的 TaskManager 进行通信，协调任务的执行流程，并且将任务的执行结果返回给客户端。当一个任务出现故障时，JobManager 会通过恢复策略将其重启，并保证任务状态和结果的正确性。

9.2.2　Flink 的运行架构

Flink 是一个流行的分布式流处理框架，它的运行架构是其核心功能之一。Flink 的运行架构采用了基于数据流的编程模型，将数据和计算任务看作一个连续的数据流，从而支持流式数据处理和实时数据分析。

Flink 的运行架构包括了多个组件，有 JobManager（任务管理器）、TaskManager（作业管理器）与 Client（客户端）。有些文献和资料中会将 Flink 系统的组件划分为 4 个，即除了 JobManager、TaskManager 和 Client 外，还包括一个名为 ResourceManager（RM）的组件。此外，在一些早期的 Flink 版本中存在名为 Dispatcher 的组件，其作用是接收客户端提交的 Job，将其转发给 JobManager 进行处理。而从 Flink 1.5 版本开始，Dispatcher 被 Client 所取代，并且 Flink 文档也将 Client 作为 Flink 系统的一个组件进行描述。在 Flink 的架构中，每个组件都有自己的任务和职责，通过高效的通信和协调机制相互配合，实现高可靠性和高性能的分布式数据处理。

1. JobManager

Flink 遵循 Master/Slave（主/从）架构设计原则，JobManager 为 Master 节点，TaskManager 为 Slave 节点，并且所有组件之间的通信都借助 Akka，包括任务的状态以及 CheckPoint 触发等信息。

当客户端提交一个 Job 时，JobManager 会将该 Job 解析为一个逻辑执行图，并通过 TaskManager 向集群中的各个节点进行分发。JobManager 负责监控整个 Job 的执行状态，如果出现故障或者 TaskManager 死机，JobManager 会重新进行任务调度，从而保证整个 Job 的正确性和高可用性。在任务执行过程中，JobManager 还负责将任务的数据和元数据持久化到存储系统中，以便在任务失败或者重启时可以恢复任务的状态。

另外，JobManager 还提供了一个 Web 界面，可以方便用户查看任务的执行状态、监控任务的指标等信息，帮助用户进行任务管理和优化。

2. TaskManager

TaskManager 主要负责执行具体的任务，其中包括数据的输入、计算和输出等。每个 TaskManager 节点可以运行多个任务，每个任务由一个或多个 TaskSlot 组成，每个 TaskSlot 都可以运行一个线程，用于执行单个任务。

TaskManager 通过与 JobManager 的通信来接收需要执行的任务，并向 JobManager 报告任务执行的状态和结果。在 Flink 中，TaskManager 和 JobManager 之间的通信使用 Akka 框架实现。

除了执行任务外，TaskManager 还负责管理任务的状态信息、数据缓存、内存分配和回收等。每个 TaskManager 都有一个本地文件系统和一个网络连接层，用于与其他 TaskManager 节点之间进行数据交换和通信。因此，在 Flink 系统中，TaskManager 节点数量的多少和性能的好坏，对整个系统的性能和稳定性都有很大的影响。

3. Client

在早期版本的 Flink 中，Client 是指启动 Flink 的应用程序。它通常是一个命令行工具，可以将 Flink 作业提交到集群上执行，并从集群上获取作业的状态信息、日志等。在这种情况下，Client 的主要职责是与用户进行交互，包括解析和验证作业提交参数、生成作业执行的配置信息以及向 JobManager 提交作业。

然而，在较新的 Flink 版本中，Client 不再是启动 Flink 的应用程序。相反，它被视为在提交作业之前与用户进行交互的 API 或库。这意味着，用户可以通过编写自己的 Java 或 Scala 代码来提交作业，而无须依赖命令行工具。在这种情况下，Client 的职责是将作业提交到 JobManager，并从 JobManager 接收作业的状态信息、日志等。

4. ResourceManager

Flink 的 ResourceManager 是一个用于资源管理的组件，负责协调和管理 Flink 集群中的所有资源，包括计算资源（如 CPU、内存）和存储资源（如磁盘）。ResourceManager 的主要职责如下。

① 管理和分配集群中的资源：ResourceManager 可以根据 Flink 任务的需要，管理和分配计算资源和存储资源，确保任务能够正常运行。

② 维护集群状态和健康状态：ResourceManager 会监控集群中所有的 TaskManager 节点，检查它们是否存活，是否有足够的资源可供分配。如果某个节点出现故障或死机，ResourceManager 可以根据任务的需要重新分配资源。

③ 支持动态扩展和收缩：ResourceManager 支持动态地添加或删除 TaskManager 节点，以便在需要时增加或减少集群中的资源。它可以根据任务的负载情况，自动地调整集群规模，从而实现最优的资源利用。

在 Flink 中，ResourceManager 通常与 JobManager 运行在同一个进程中，因为它们都属于 Flink 的 Master 节点。在高可用模式下，可以运行多个 JobManager 和 ResourceManager，以确保集群的高可用性和故障恢复能力。

9.2.3 Flink 应用举例

近年来，随着实时化需求的场景日益增多，企业已不满足于简单使用流计算或批计算进行数据处理，采用一套引擎即可实现低时延、高吞吐、高稳定的强大性能逐渐成为更多企业的追求。Apache Flink 作为领先的开源大数据计算引擎，在流批一体的探索上日臻成熟，并在稳定性、性能和效率方面都经受住了严苛的环境考验。如今，在降本增效的需求驱动下，企业使用 Flink 实现数据与算力价值的最大化，使得 Flink 大规模应用于互联网、内容资讯、短视频&直播、电商、在线教育、游戏、金融、物流、IoT、区块链等行业/场景，下面简要介绍 Flink 在实时金融数据湖的应用。

传统的银行业务主要依靠业务人员进行决策以满足业务的发展需求。但是随着银行业务的不断发展，各种各样的应用产生大量的多类型数据。仅仅依靠业务人员去做决策，已无法满足业务的需求。当前面临的问题更加复杂，影响因素也日渐增多，需要用更全面、智能的技术方式来进行解决。因此，银行需要将传统的纯业务人员决策方式转变为越来越多依靠机器智能的决策方式。中原银行在此决策方式变迁的业务背景下，进行实时金融数据湖的建设。

下面主要从技术背景、体系架构、建设成果 3 个方面介绍金融数据湖的建设。

1. 技术背景

传统的数仓架构从下往上，依次是基础贴源层、公共数据的整合层、业务集市层和应用加工层。不同的层每天通过批的方式执行大量的运算，来得到业务想要的结果。银行很长时间内非常依赖传统的数仓体系，因为它非常好地解决了财务分析的问题。它具有精准、规范、多层数据加工、口径统一等优点，但数仓变更困难、单位存储成本较高、不适合海量日志、行为等变更频繁，实时性高的数据的缺点也是长期存在的。尽管传统的数仓有这么多的不足之处，但在银行体系下，面向规范化、精准加工的传统的数仓体系，其能够较好地解决财务分析等问题，并在很长时间内仍会是主流方案。而面对 KYC、机器智能的分析，数据仓库需要支持多类型数据、多时效数据更加敏捷的使用，因此需要新的与数据仓库互补的架构体系。实时金融数据湖能够有效弥补传统数仓的缺点，因为它具有以下特点：第一，开放性，支持多类型场景，如 AI、非结构化、历史数据，海纳百川；第二，时效性，具备有效的支持实时分析与实时决策的体系架构；第三，融合性，与银行数据仓库技术架构融合，统一数据视图。

2. 体系架构

实时金融数据湖的功能架构如图 9-12 所示。在功能上，金融数据湖包括数据源、统一的数据接入、数据存储、数据开发、数据服务和数据应用。第一，数据源，不仅仅支持结构化数据，也支持半结构化数据和非结构化数据；第二，统一数据接入，数据通过统一数据接入平台，按数据的不同类型进行智能的数据接入；第三，数据存储，包括数据仓库和数据湖，实现冷热温数据智能分布；第四，数据开发，包括任务开发、任务调度、监控运维、可视化编程；第五，数据服务，包括交互式查询、数据 API、SQL 质量评估、元数据管理、血缘管理；第六，数据应用，包括数字化营销、数字化风控、数据化运营、用户画像。

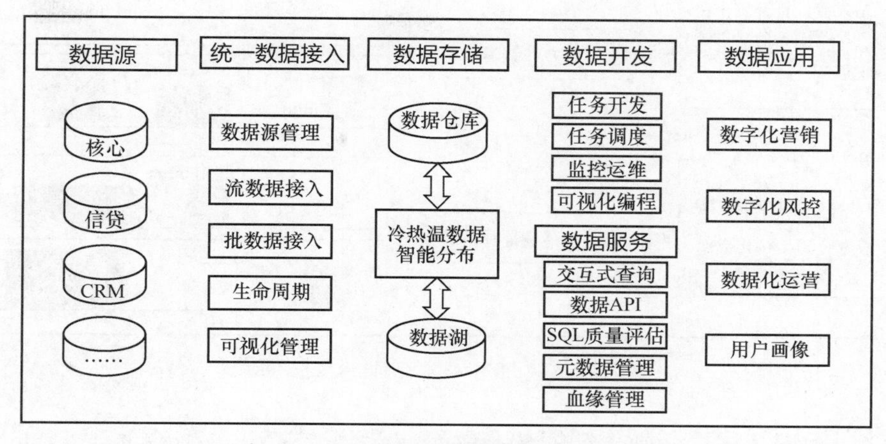

图 9-12　实时金融数据湖的功能架构

实时金融数据湖的逻辑架构如图 9-13 所示，主要有 4 层，包括存储层、计算层、服务层和产品层。存储层，有 Mpp 数据仓库和基于 OSS/HDFS 的数据湖，可以实现智能存储管理。计算层，可以实现统一的元数据服务。服务层，有联邦数据计算和数据服务 API 两种方式。其中，联邦数据计算服务是一个联邦查询引擎，可以实现数据跨库查询，它依赖的就是统一的元数据服务，查询的是数据仓库和数据湖中的数据。产品层，提供智能服务，包括 RPA、证照识别、语言分析、用户画像、智能推荐；提供商业分析服务，包括自助分析、客户洞察、可视化；提供数据开发服务，包括数据开发平台、自动化治理。

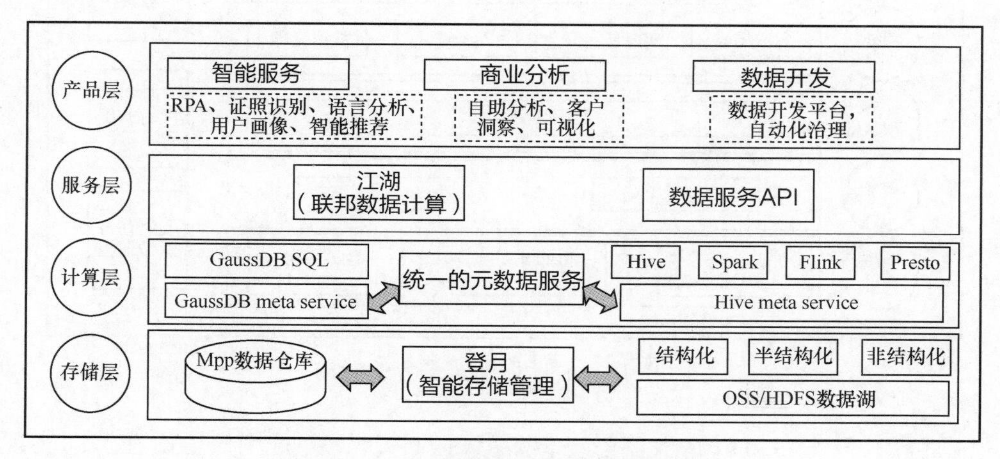

图 9-13　实时金融数据湖的逻辑架构

实时金融数据湖的工程实践如图 9-14 所示。整体基于开源架构搭建，主要有 4 层：存储层、表结构层、查询引擎层和联邦查询计算层。

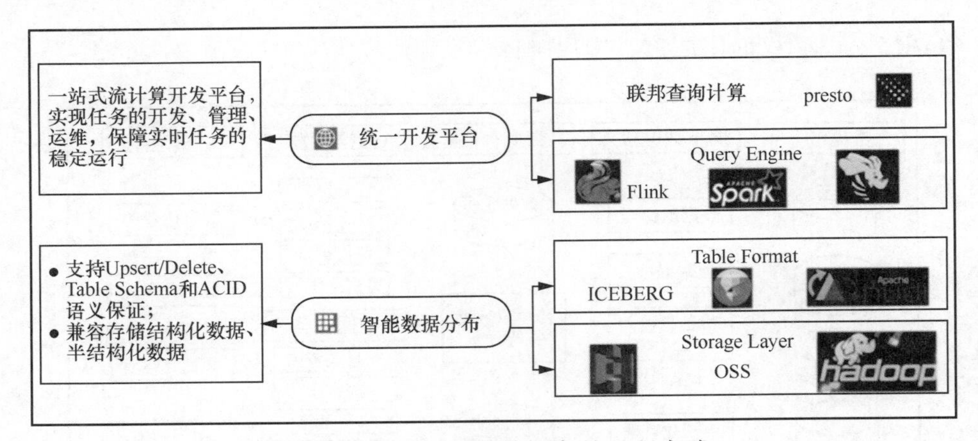

图 9-14　实时金融数据湖的工程实践

存储层和表结构层是数据智能分布的组成部分，支持 Upsert/Delete、Table Schema 和 ACID 的语义保证，并且它可以兼容存储半结构化数据和结构化数据。

查询引擎层和联邦查询计算层是统一数据开发平台的一个组成部分。统一数据开发平台提供的是一站式的数据开发，可以实现实时数据任务的开发和离线数据任务的开发。

工程实践图中流计算开发平台的架构如图 9-15 所示，主要包括数据存储、资源管理、计算引擎、数据开发、Web 可视化。

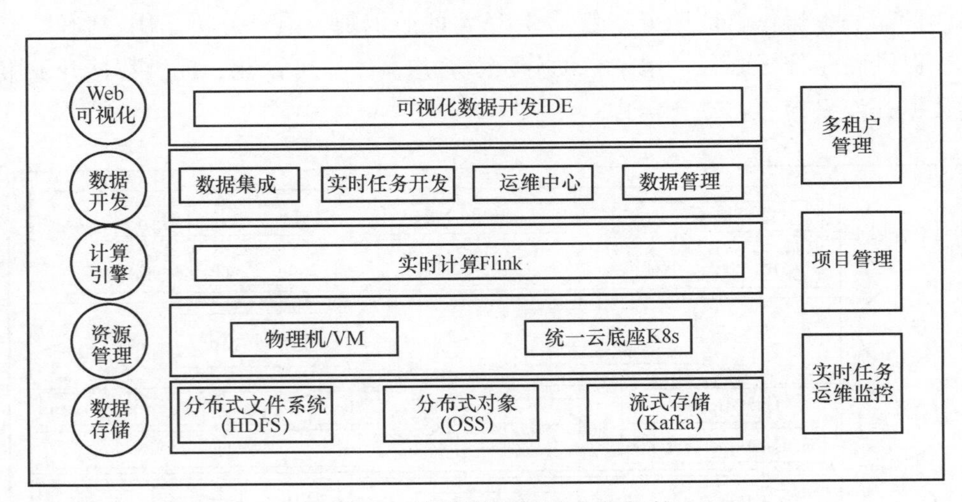

图 9-15　流计算开发平台的架构

流计算开发平台可以实现多租户和多项目的管理，并且用户可以在上面实现一个实时任务的运维监控。流计算开发平台资源管理，支持物理机和虚拟机的方式，同时支持统一的云底座 K8s。平台计算引擎基于 Flink，提供了数据集成、实时任务开发、运维中心、数据管理和可视化数据开发 IDE 等功能。

中原银行的实时金融场景架构如图 9-16 所示，包括“直通式”的实时应用场景和“落地式”的实时金融场景。数据会实时地接入 Kafka，然后 Flink 实时地读取 Kafka 中的数据进行处理。如果涉及维表数据，则该数据存在 Elastic 中。这里存在两种情况。

① 业务逻辑简单，Flink 实时读取 Kafka 中的事件数据和 Elastic 中的维表数据进行处理，处理的结果会直接发送给业务。

② 业务逻辑复杂，Flink 会进行分步处理，将中间结果先写到数据湖，再进行逐步处理，得到最终的结果。最终的结果会通过查询引擎对接不同的应用。

实时数据的数据源都来自 Kafka，然后 Flink SQL 通过 ETL 方式实时读取 Kafka 中的数据，通过实时数据的 ETL 和数据湖平台两种方式对接应用，提供的是实时和准实时的输出结果。其中，实时数据 ETL 对应的是“直通式”的实时场景架构，而数据湖平台对应的是“落地式”的实时应用场景架构。

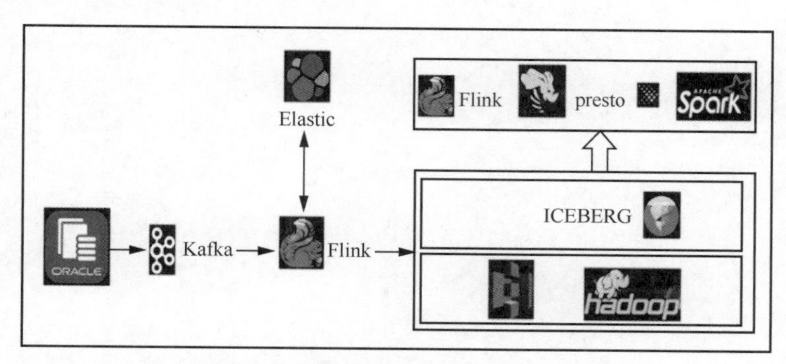

图 9-16　中原银行的实时金融场景架构

3. 建设成果

数据湖经过不断建设，取得了一系列成果，如图 9-17 所示，数据实时性为 T+0，支持 20+的金融场景，存储成本降低 80%。

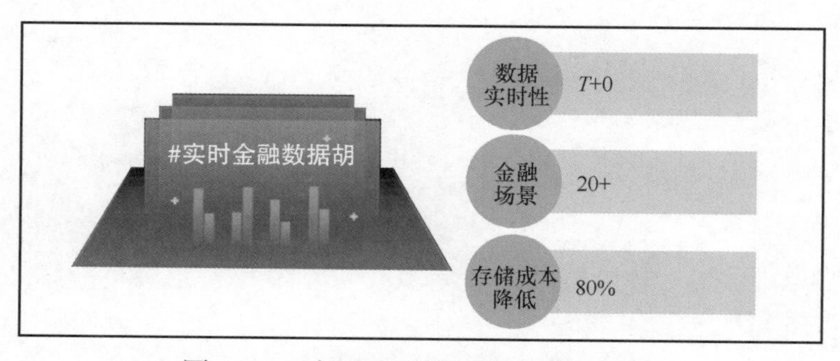

图 9-17　实时金融数据湖的建设成果

习　题

1. 简述什么是 Spark，并列举 Spark 的优缺点。
2. 简述什么是 Flink，并列举 Flink 的优缺点。
3. Spark 和 Flink 的核心组件分别是什么？
4. Spark 和 Flink 的性能比较如何？